U0218625

熊明从业七十周年作品选

建筑创作·学术论著·诗词书画

北京建院大师系列丛书

北京市建筑设计研究院有限公司 编

天津大学出版社
TIANJIN UNIVERSITY PRESS

序·大师风范 精神永驻

徐全胜 张宇

2023年6月11日，北京市建筑设计研究院有限公司（以下简称『北京建院』）原院长、顾问总建筑师、全国工程勘察设计大师熊明先生，因病医治无效，在北京逝世，享年91岁，这无疑是建筑界及北京建院的重大损失。作为晚辈，我们在深表悼念之情的同时，也在回想大师的风采，既追慕熊明大师的精神境界，也要传承他留下的持续创作、不断进取的人文精神。

2020年11月，北京建院就做出决定，委派中国建筑文化遗产、建筑评论编辑部为熊明大师编辑作品与艺术创作集，书名最后定为熊明从业七十周年作品选——建筑创作·学术论著·诗词书画，该书收录了熊明大师的建筑设计作品及城市设计方案41项、相关城市与建筑论著与论文十余篇，还以专门的篇章收录画作74幅、书法作品54幅、诗歌212首……真可谓科技人文荟萃的百花园。

在中国建筑师中，熊明乃一代大师，他的创作与理念映照出建筑文明的一抹绚烂，更表达并寄托了建筑学人的遐想。如果说『继往开来，周而复始』合乎科技文化发展的逻辑，那么我们坚信熊明从业七十周年作品选——建筑创作·学术论著·诗词书画一书的问世，将在尽展先生之风采、先生之博学、先生之创作观的同时，为行业带来可贵的新知与设计经验。

在熊总逾半个多世纪的创作生涯中，1989年他被评为首批全国工程勘察设计大师和首批享受国务院政府特殊津贴专家。他先后负责和指导设计的建筑作品与城市设计项目有200余项，其中不乏『守正』与『创新』的经典佳作：20世纪60年代初的北京工人体育馆的设计理念在世界范围也属领先；60年代末首都体育馆获全国科学大会奖；70年代完成的中国银行总部办公楼获新中国成立60周年建筑创作大奖；80年代完成的昆仑饭店开创了中国建筑师原创设计的先河，获中国建筑学会奖；90年代他还指导了第十一届亚运会比赛场馆规划设计等重点工程。

熊明大师是有创作理念的建筑家，他先后出版的城市设计学——理论框架与应用纲要、建筑美学纲要等都是较早的对行业有指导意义的开创型设计理论著作。如果说所有建筑都是寄托精神活动的载体与物质空间，那么从熊总的作品与著述中可感受到他的思考历程及极高的建筑技艺素养。向史而新，熊明大师的作品具有时代魅力，他主持设计的北京工人体育馆、首都体育馆、昆仑饭店先后入选『中国20世纪建筑遗产项目推介名录』，创造了优秀建筑文化遗产的典范。尤为可贵的是，这本即将面世的熊总作品集还奉上有设计哲学意义的美学艺术画作与诗文，它会让读者思考：一代建筑大师何以有这么渊博的学识和广阔的视角？历经时代变迁，具有全面设计文化素养的大师是怎样炼成的？当代建筑师及学人又该以怎样的时代视角去感受前辈执着的求索历程？

北京建院正前进在构建面向国际的科创企业之路上，迫切需要有国际视野、中华文化内涵丰富的设计学术体系。熊明老院长严谨的治学标准、高尚的为人品格、润物无声的言传身教以及职业生涯给我们带来深远影响及启示。他的设计作品，特别具有拓展与立新意义，既体现了对传统文脉的传承，也带来了对当代语境的活化与创新。此外，他在设计、艺术、诗歌、书法各领域跨界融合，使他的建筑作品展现了更广阔的空间视野。我们认为，如果说熊总的建筑经典作品及绘画是一种服务为民、有态度的『风景』，那熊总的建筑人生就是他在北京建院沃土上谱写的深情长歌，必将成为北京建院及业界的遗产与精神财富。

再次感怀熊明从业七十周年作品选——建筑创作·学术论著·诗词书画出版，也以此书慰藉一代建筑大师熊明的英灵。

徐全胜
北京市建筑设计研究院有限公司党委书记、董事长、总建筑师

张宇
北京市建筑设计研究院有限公司党委副书记、总经理、总建筑师

2023年7月

熊明印

文洛印

序·琴鹤为友、性情超然——深切缅怀敬爱的熊明先生

朱小地

1988年8月底，我毕业分配到北京建院。当时的北京建院已经实行了新生入院考试的制度。入院考试时，我凭借着自己在清华大学练就的过硬的碳素铅笔表现方法，获得了第一名的成绩。我记得那一年考试的题目是『徐悲鸿纪念馆』，后现代主义的符号化设计方法很容易表现东西方文化的差异和冲突，我的设计答卷完成得很顺利。在考场上，我第一次见到了熊明先生，那时的他身材挺拔、精神饱满、双目有神，配上浅色的西装，透着知识分子的帅气。

那时候熊明先生已经担任北京建院的总建筑师了，他对考试非常重视，在评卷以后似乎发现了我这个『人才』，便将我安排到第一设计所。原本我是希望被分配到第四设计所（简称『四所』）的，当听到宣布我到第一设计所的时候，我整个人都蒙了，因为上一年我在四所实习期间，四所所长刘克谦答应我，他会到院里要我这个学生。后来才知道熊明先生安排我到第一设计所跟着朱嘉禄建筑师工作，他是清华大学毕业的前辈。这样就形成了老中青三代人的工作结构，当然我这代人并不仅是我自己，还有许多非常优秀的青年建筑师。1988—1989年，由熊明总建筑师领衔，我们一批年轻建筑师参与了埃及亚历山大图书馆方案竞赛，虽然没有取得好成绩，但我们有机会与各国建筑师同台竞技，已是十分开心的事了。

进院以后我就有了许多与熊明先生接触的机会，我将他视为我的老师，他虽然没有直接承认过我是他的学生，但我猜想他内心里肯定是非常『欢喜』（喜欢）我作他的学生的。熊明先生是那种白天忙工作、下班以后回家继续忙工作的人，他对自己的要求相当高，对待工作一丝不苟。俗话说『君子之交淡如水』，他的身边有一批志同道合的朋友，他们讨论的都是些理论、技术，也包括外语之类的话题。很可惜，他们当中我认识的专家们大都已经先后故去了。

朱小地与熊明大师

熊明先生早期优秀的建筑作品当数北京工人体育馆。其直径94米的圆形体育馆屋盖采用了悬索结构，选型非常巧妙，其与圆形的平面匹配度很高，也使得用钢量大大减少。这一结构构想源于熊明先生开阔的国际视野，他借鉴了比利时布鲁塞尔世界博览会场馆中圆形的美国馆，提出了工人体育馆屋顶的结构选型建议，并得到了结构专家的认可，这在1957年是非常不容易的。工人体育馆的结构创新体系在当时被认为是体现工人阶级力量的有力佐证。这座建筑是新中国早期难得的建筑精品。

熊明肖像（组图）

熊明先生的建筑设计作品表现出强烈的现代主义风格，功能优先，并与结构等技术体系完美结合。如首都体育馆，从1968年建成并投入使用开始，承接了许多重大国内、国际体育赛事和文化活动。经过不同时期的改造加固，直至今天，首都体育馆依然在正常使用中，并成为北京一处综合性的体育文化活动中心。首都体育馆和工人体育馆的立面造型均十分简洁、清晰，反映了当时我国在经济比较薄弱的背景下，建筑师对大型公共建筑功能与形式的深入思考和准确表达，线条、块面、材料与质感均处理得当。建筑立面上均匀布置的外窗，质朴、清新的层次化处理使建筑的整体风格具有中国传统建筑的韵味。

1999年12月20日是澳门回归祖国的日子，北京市决定要在首都体育馆举行大型纪念活动。承办方准备在屋顶的钢结构上悬挂40吨重的设备，要求北京建院进行结构安全性审查。熊明先生早年在第一设计所的老二室工作期间设计了首都体育馆，因此该项任务自然也就落到了第一设计所。我当时担任第一设计所所长，接到这项任务的时候第一反应就是担心这个举动会不会把熊明先生设计的首都体育馆给拽塌了。后来在第一设计所陆承康、盛平等几位结构专家的共同努力下，此项活动进展顺利。但大家不知道的是，在活动举行的同时，结构工程师们始终严密监视着建筑吊顶内的钢结构变形的临界点，与在场的领导和观众一起度过。

改革开放初期，熊明先生设计完成了一系列大型公共建筑，包括中国银行总部办公楼、昆仑饭店、外贸部办公楼、中国海关大楼、国家标准局办公楼、北京消防中心等。这些项目规模都很大，而且在项目建设初期周围场地大多没有什么边界条件，这对于一名建筑师来讲必须有较强的前瞻性和对场地及建筑的全局把握能力。据我所知，熊明先生对项目的设计工作总是反复研究，探讨各种可能性，虚心听取来自各方的意见，最终使方案日臻成熟。因此，在建筑形式的处理上，他的作品总是给人一种纯净的感受，正所谓『增之一分则嫌长，减之一分则嫌短』，这也正是经典作品的过人之处。

文如其人，建筑亦如其人，熊明先生与他的建筑真实得彻底，真实得就如同自己。熊明先生正是用这样的人格标准来要求自己，给我们晚辈树立了榜样。记得院里有人传言，说熊明先生上午开完会后拿起自己的包就走了，也不在乎主办方是否安排了午饭，也不考虑在座的其他与会者愿不愿意一起用餐。在别人眼里，熊明先生可能是不通人情的，但是恰恰是他那股两袖清风的傲气，不给那些是非不分、没有态度的人与事

熊明设计作品（组图）

有任何机会，在当今的中国，能做到这一点实属难能可贵，令人敬仰。这与他在建筑创作方面的求真务实的学风与作风是分不开的。与他交往的人或多或少都会受到他的影响，传承着真诚、热情、执着、友爱的品德。

熊明先生可能给人比较严谨、不苟言笑的印象，但如果与他接触多了就会发现他的性格中有天真、顽皮、诙谐的一面。他经常用『欢喜』这个词来表达他的态度，而北京地区的语言表达方式一般使用『喜欢』，所以每当他说『欢喜』时，都会让别人感觉到兴奋和开心。他经常将他的一些好习惯告诉我们，这也是对年轻人的一种教育。比如有一次，在我与他从建院的A座楼梯间一起上楼的时候，他建议我踩踏楼梯不要出声音，这样既可以锻炼自己的身体，又不会有噪声，于是他就示范给我看，果然一点儿声音都没有。

熊明先生对人才的『欢喜』是直接的、毫无隐讳的，他在担任总建筑师兼任院长期间培养了大量的设计人才，后来许多年轻人都成了北京建院的业务骨干。1989年底，我与夫人决定响应所里的号召去海南分院工作，他听到消息之后，专程来到我们设计所的休息区，建议我留在北京。我当时完全不理解熊明先生的用意，只觉得到海南可以有更多的锻炼机会，我们就这样僵持了许久，熊明先生看说服不了我，也就失望离开了。

真正对你好的人，从来不会强迫你做什么，他会一直在旁边关注你，等待你的觉醒。1992年底，我设计的寰岛泰得大酒店（海口）落成，并获得了许多奖项，我想最高兴的应该是熊明先生。第二年我因为这个项目获得了北京建院的金厦奖，这是北京建院在设计方面的一份殊荣，我想这里面有熊明先生对我的认可和支持。我保存着一张熊明先生身穿西服、胸佩鲜花、神采飞扬的侧面照，照片的背景就是我从海南回京工作的第一个中标并建成的项目——SOHO现代城，每

熊明油画义卖展作品及海报

每看到这张照片的时候，我的眼泪都止不住流下来。

熊明先生多才多艺，琴棋书画样样见长，因此退休生活非常充实。他在绘画方面尤有天赋，前些年画了上百幅油画，其中许多绘画的主题和色彩表现都具有相当高的艺术水准。从他的画作中观者可以感受到熊明先生广阔的内心世界和源于本真的情感投入，这是一个艺术家的基本素养和力量源泉。看到他如此丰富的绘画作品，我萌生了为他举办独立画展的想法，尽管他以前也举办过类似的画展，但我希望将他的油画单独作为展览内容，与他的水墨作品和书法作品相比，我觉得他的油画更具有艺术价值和讨论意义。在弘石艺典总经理贾东东女士的协助下，题为『暮春』的画展于2019年5月在弘石画廊隆重开幕。熊明先生将画展拍卖所得捐给他的中学母校——九江同文中学（今九江市二中）。

熊明先生出生在江西九江一个名门望族，父亲熊恢在九江市丰城县创办了剑声中学，他的四姑母熊恺亦投身教育事业，在剑声中学执教，他的大姑母熊懂创办了赣南医学院并担任第一任校长。熊明先生正是受家庭影响，对家乡、对当地的教育事业有着很深的感情，并尽自己之力为家乡做贡献。早在20世纪90年代初，在第一设计所支部书记、院副总建筑师文跃光，建筑师金国红等人的协助下，熊明先生为九江同文中学实验楼和学校大门完成了方案设计。2009年，熊明先生又带领文跃光、宓宁、杨京红等建筑师为剑声中学新校区进行整体规划设计。

斯人已逝，幽思长存！熊明先生虽溘然仙逝，但对先生的美好记忆和先生的音容笑貌已定格在我们的脑海中。感谢您多年的关怀和垂范！熊明先生千古！

——学生 朱小地

（感谢孙兵、文跃光、宓宁提供照片和相关信息）

目录

篇一

书香教育继世长

长诗代序

余祖清庠生，
办学为家乡。
父辈七兄妹，
自强越东洋。
归来充教职，
五位校长当。
名气扬赣省，
英年高智商。
『五四』风雷激，
『廿一』国格丧。①
吾母高风节，
同学意气涨。
断指血书碑，
至今立南昌。
余出书香第，
幼时近书房。
二龄学诵读，
书画琴棋狂。
六岁母亲逝，
随姑女学坊。
少小如宝玉，
谐和姐妹唱。
髫龄词曲写，
恰似无事忙。
十四『同文』始勤学，②
十六『金陵』大学堂。
十七广西大学读，
十八进入清华墙。
弱冠续读研究院，
毕业时机运高翔。
设计工体乒乓馆，
元戎贺陈予表彰。③
北京饭店新修改，
总理亲临寄希望。
首体建成迎主席，
人群慷慨歌太阳。
银行总部风格简，④
饭店昆仑时代光。
高厦济南树标志，⑤
丝路『经贸』象征飏。⑥
平舒工体添高矗，⑦
变幻晶光枉断肠。⑧
负责工程卅十几，
指导项目二百项。
实践经验诚可贵，
理论研究价更昂。
著书立说扩视野，
学术根基促原创。
『旅馆开放』启思绪，⑨
『大型赛馆』论述详。
承传文脉内涵重，
时代精神放异光。
大师称号诚惶恐，
院长职务愧无量。
坦率真挚待群众，
友爱谦虚尊同行。

民国十四年家庭照（摄于南昌）右一为五姑熊悌、右二为大姑熊憧、右三为余父熊恢、右四为二叔熊悛、右五为四姑熊愷、右六为二姑熊恬、右七为余母程孝芬、左二为三姑熊怡、左一为二婶赵竞兴

家庭合照，后排左三为余之父亲熊恢、左四为余之母亲程孝芬、左五为二姑熊恬、左六为五姑熊悌，左一为大哥熊旦，左二为二婶赵竞兴。前排左起：二婶之子（亡）、熊明，余之大姐熊昭、二姐熊旷、堂姐熊晔、二哥熊旭

热衷专业勤劳惯，
年高身退不还乡。
城市设计『新观点』，
『建筑美学』个性倡。
七所名校兼教授，
五位生员功夫铓。
工作闲暇复吟哦，
陶冶精神自吉祥。
点滴可审性情善，
纵览胜似回忆章。
为此结集奉师友，
以歌代序不免长。

丙戌年（二〇〇六年）

文洛于北京

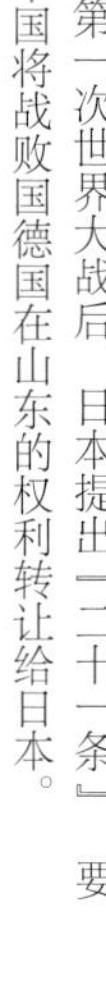

① 第一次世界大战后，日本提出『二十一条』，要求中国将战败国德国在山东的权利转让给日本。

② 九江同文中学。

③ 贺龙、陈毅两位元帅。

④ 中国银行位于北京阜成门。

⑤ 济南中国银行。

⑥ 外经贸部大楼，象征丝绸之路的屋顶已被改掉。

⑦ 梁思成教授指出工人体育馆为横向铺开，需有摩天楼形成均衡构图。

⑧ 新创工体大厦未建。

⑨ 与严少华合作（国家计委设计司委托）。

小学照

初中照

高中照

大学照

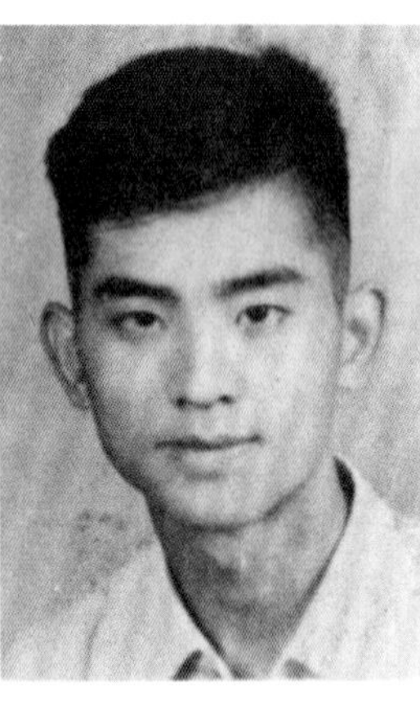

研究生照

北京建筑设计院技术员

北京建筑设计院建筑师

一九八六年北京建院总建筑师

一九八九年北京建院院长

江西剑声中学校长先考熊恢
南昌正蒙小学校长先妣程孝芬　百年祭

熊恢（竹如）
程孝芬（芬贞）

伏维
民富国强盛世，
科学昌明时代。
龙腾虎跃吉年，
社会和谐岁月。
青岚谷主不孝男
谨奉
空谷沁芳幽兰，
高峰纯洁雪莲。
拜伏
慈容肖像之下，
泣曰
先考竹公，
书香世家，
丰城才俊，
少赴江宁攻史，
青登锺山习剑。
携弟妹东渡，
瞩目现代文明，
数至京都，
研修明治维新，
拥孙中山革命，
反袁世凯称帝，
力主团结华胄，
取消安内攘外。

先妣孝芬，
翰墨望族，
宜黄女杰，
幼教女伴识字，
髫率妙龄习武，
引领同学，
除去奴颜长辫。
累至杭州，
重温秋瑾侠行。
摒弃男尊女卑，
追求自由平等。
断指血书，
同仇敌忾，
呼号抵制日货，
倡议抗外联内。
余父学成返赣，
创办剑声中学。
推广有教无类，
吸收员生入校，
校训勤朴诘毅。
余母毕业留校，
普及幼儿启蒙，
倡导因材施教，
试验手脑并用，
重视天真活泼。

孰料日寇侵略，
迁校农村，
历经艰苦不懈。
激发全民抗战，
移居家乡，
坚持奋起有力。
遽然余母病重，
怎奈缺药少医，
无治弃世。

父亲熊恢在台湾住宅前

留下孤苦幼童，
却叹吾父奔忙，
岂能停滞不前。
引领心酸子女，
幸得姑母抚育。
循循善诱，
有赖严师教诲，
提高品格素质，
谆谆导引，
学习文化科学。
辛酉胜利，
全民欢腾，
欢庆终于和平。
乙丑解放，
举国雀跃，
迎接彻底解放。
社会新生之日，
人民同心奋起，
励精图治，
阶级分化其时，
各界分道扬镳，
自奔前程。
竹公赴台，
期复剑声，
不弃多年夙愿，
困难重重，
唯成幼儿园校。
逆子留京，
考进清华，
追求少时美梦，
好运连连，
创作精美建筑。
改革开放，
大陆经济发展。
丁亥吾父仙逝。
原图复校未成，
无颜江东父老，
乙丑不肖返里，
倡议重建剑声，
全赖当地领导。
悲也，
春晖未报兮寸草将衰，
父志未酬兮儿心难安。
企完夙愿兮并非缥缈，
青山易老兮碧水长流。
嗟夫，
独航难返兮老逝它乡，
大好河山兮神魂归来。
太息掩涕兮命运多舛，
朝思夕念兮梦牵魂萦。
愁肠寸断兮肝胆俱碎，
泪洒红尘兮泣湿黄土。
闪电鸣雷兮惊心动魄，
凄风苦雨兮哀鸣悲号。
呜呼哀哉！
尚飨！

不孝男明子泣血叩首

庚酉年清明夜静

剑声中学校门

江西南昌赣州宁都及云南大理助产学校及附属医院创始人熊懂学礼博士百年祭

伏维
民富国强盛世，
科学昌明时代，
社会和谐岁月，
医教发达时日。
不肖侄熊明
谨奉
东瀛幽谷芳兰，
西疆高峰雪莲。
京城香山清泉，
故乡丰城硒榖。
拜祭
大姑大人遗像慈容下
泣曰

出身书香门第，
成长杏坛世家。
幼随母习刺绣，
温良恭俭。
童从父读经史，
仁爱诚信。
少伴兄渡东瀛，
求学报国。
青独自办产院，
造福为民。
受命创立医校，
严谨执教，
誉满江南。
奉派赴欧留学，

荣获博士，
名扬四方。
抗日军兴，
即速归国，
创办大理医校，
开启边陲风习。
爱民心忧，
应召返省，
再创赣南助校，
服务家乡妇幼。
敌寇进逼，
迁徙宁都，
又创医事学校。
抗日胜利，
凯旋南昌，
重建助产故苑。
创办七校，
桃李满布天下，
从业卅年，
妇婴受益无数，
迎接解放，
坚持职守，
赢得政府尊重。

陷落浩劫，
忍辱负重，
惨遭恶帮迫害。
幸改革开放，
恢复名誉，
嗟夫
天若有情兮电闪雷鸣，
地如无识兮风摧雨淋。
刻骨铭心兮愁肠寸断，
山高水长兮青史永垂。
呜呼哀哉
尚飨

庚寅秋膝下不孝侄明子泣血
叩首

大姑熊懂学礼肖像

追思赣南医学院的创办人熊懂女士

（载于该院七十周年校庆特刊）（此文为该校所撰）

熊懂女士是赣南医学院的创办人和第一任校长，关于她的资料不多见，在赣南医专校史（1941—1985）中也记载颇少，仅寥寥数语，留给后人诸多猜想。笔者刻意查找，欣得数篇凭吊熊懂女士的文章，多为其亲属所撰，其中熊懂之妹熊恺所写江西助产教育创办人熊懂女士和熊懂亲侄儿熊北光所写悼念熊懂博士等文，对其生平介绍甚详，使笔者得以了解熊懂女士一生之功德。

熊懂，号学礼，出生于晚清时期江西丰城县的一个乡村教师家庭，祖上经营中药生意，家道殷实。她自幼聪慧过人，性格刚烈，意志坚强，向往文明。早年，她深受大哥熊恢进步思想影响，剪辫子，入学堂，敢与封建传统抗争，立志做女中豪杰。她于1911年入南昌教会学校——葆灵女中就读。1915年冬，母亲产后感染产褥热不幸去世，翌年春，父亲病逝。熊懂短短数月经历如此打击，决心学医。于是她随大哥熊恢赴日本求学，考入东京女子医专，苦读数载，成绩优异，名列前茅。毕业后，她曾在日本东京的一家医院任妇产科医师十年。因感于我国医学落后，产妇婴儿死亡无数，她于1927年毅然回国，并将十年的积蓄购置了十余箱妇产科器械运回江西，在南昌开设妇产科私人诊所。

熊懂回到南昌后，致力于实现夙愿，发展助产教育。她先在其大哥主办的剑声中学内附设护产科班，并招生上课。该班与中学性质相悖，因而未获教育厅批准。几经磋商，在省民政厅的拨款支持下，熊懂在南昌磨子巷马王庙旧址开办了江西省立南昌助产学校。剑声中学附设护产班招收的八名学生成为南昌助产学校的第一批学生。办学是在极其艰苦的条件下进行的，经过三年，学校盖起了一幢二层楼的校舍。当条件有所改善时，她又开始筹办医院，并关闭自己的诊所，将诊所内的所有器械献给医院，她兼任院长。医院的成立，不仅满足了学生实习的需求，还为学校增加了收入，这些收入被用于添置器械设备。至此，学校有了一定的规模，并由省教育厅接管。熊懂借此良机，建议政府通令各县，保送学生前来就读，并享受免费教育，以此推广助产教育。学校后来迁入南昌市阳明路新址，原址专供医院使用。医院增添了病房设备，每天门诊病人及住院产妇甚多。

1935年，学校及附属医院趋于稳定，熊懂便向教育厅告假，与弟熊悛赴德国汉堡大学医学院深造，攻读医学博士学位。1937年抗日战争全面爆发时，熊懂姐弟俩完成学业回国。因大陆海岸港口被日军封锁，她俩只能途经滇越铁路回到云南昆明。在云南富商严某的邀请和支持下，熊懂在大理开办助产学校，开启边陲医学之风气。不到一年时间，学校及医院相继成立。这是熊懂女士亲手创办的第二所助产学校，为边陲少数民族的医学知识普及作出了重要的贡献。

熊慬女士汉白玉雕像

一九八八年，在中国台湾作者之叔父熊恔返南昌探望大姑母熊慬（时年94岁）

1941年，江西省政府电召熊慬姐弟回赣，弟熊恔奉命接手因避战乱而迁至赣州的江西医专，熊慬则受命在赣州筹建省立赣县助产学校。当时赣州作为『内地之区，深感助产事业之亟需。』而时任江西省第四区专署专员积极倡导『建设新赣南』，鼎力支持助产学校的开办，并拨给赣州市西门外土地庙营建校舍。该校于1941年4月筹建，7月正式招生，熊慬担任校长兼附属产院院长。这是江西第二所助产学校，也是熊慬亲手创办的第三所助产学校。省立赣县助产学校就是赣南医学院的前身。

1944年12月，日寇侵占赣州前夕，机关、学校纷纷向赣东撤退，交通工具全赖卡车及河船。而此时政府无力顾及学校的搬迁，交通工具自行解决。熊慬便将自己祖传的名贵挂表变卖，自雇船只，把重要器材、药品运往宁都石上，并立即建校复课。不久，赣州光复后，熊慬回到赣州，石上的学校亦更名为『省立宁都医事学校』。

1945年抗日战争胜利，学校迁回赣州，恢复『省立赣县助产学校』校名。因战乱破坏，原校舍已是破烂不堪，满目疮痍，熊慬带领师生动手整理校园，修葺校舍，重新添置教学仪器及附属产院器材，学校元气得以渐渐恢复。翌年，她奉命调往南昌，重整南昌助产学校。赣县助产学校则交由从日本东京女子医学专门学校肄业回国的熊云珍女士接管。1947年，学校改名为『江西省立赣县高级医事职业学校』。

1949年，因南昌助产学校与南昌护士学校合并为南昌护产学校（后改名为『南昌市卫生学校』），熊慬调任南昌市立医院妇产科主任。20世纪50年代后期及『文革』期间，熊慬倍受摧残迫害，被赶出南昌城，先后被流放到景德镇和新建的农村等地，命运多舛，十分凄惨。

1990年1月11日，熊懂女士在南昌逝世，享年九十四岁高龄。

熊懂毕生热爱助产事业，致力于助产教育，吃苦耐劳，筚路蓝缕，孜孜不倦，奋斗不息，其一生功德无量，被誉为『助产之母』『江西助产教育第一人』。她生活简朴，以校为家，每天总是生活在学校和医院里，与学生和病人打交道，她的住房也一直安排在住院病人必经的地方，晚间产妇一有情况她能立即起床问诊。1953年，熊懂参加北京高级卫生干部学习班，时任卫生部部长李德全向学员介绍了熊懂和林巧稚，表彰她们献身妇女卫生事业的精神。1957年，《人民日报》报道全国各省新式接生普及率和妇女保健网覆盖率，江西省名列第一，这与熊懂的贡献是密不可分的。20世纪80年代政府落实政策后，熊懂又将政府补发的退休金全部捐献给了『江西省儿童福利基金会』，以实现毕生献身妇幼福利事业之心愿。

在赣南医学院即将迎来建校七十周年大庆之时，回顾建校之初不过十亩之地，喜看今朝『千亩校园，万人大学』的耸立，我们满怀无限的追思，深深地怀念和告慰赣南医学院的创办人、第一任校长——熊懂女士。

江西省立九江女子师范学校校长二姑大人熊恬百年祭

伏维
民富国强盛世，
龙腾虎跃吉年。
月朗星稀朝晨，
乌啼莺鸣暮夕。
伤心断肠昏夜，
无可奈何时日。
青岚谷主
谨奉
空谷沁芳幽兰，
珠峰高洁雪莲。
京都香山清泉，
故乡丰城硒穀。
拜祭于
慈容肖像之前
泣曰
书香门第，
年少远赴东瀛，
求学济世。
杏坛世家，
才女还回赣省，
执教报国。
忠孝仁爱，
修身治校之本，
待同人似兄弟。
温良恭俭，
启智育人之途，
爱学生如子女。
清纯靓女，
尊师重道，
诚谓济济一堂。
聪颖学子，
亲朋挚友，
其乐融融四方。
孰料日寇侵略，
累迁吉安宁都，
坚持八年不懈。
遽然中华抗战，
久居石上李镇。
宣传四方奋起。
幸喜辛酉，
胜利返回浔阳。
岂知乙丑，
解放进逼江州。
爱国为民，
抗日功勋，
不过乃尔。
舍家忘己，
四年刑狱，
苦难纵度。
虽九死一生不怨。
叹余
自幼失恃，
蒙姑教养，
回想不禁涕泣。
少时顽劣，
承师教诲，
反思难止泪下。
幸学生笑天大力平反，
愧蠢才文洛无能申诉。
噫吁
长太息以掩涕兮命运乖桀。
春晖未报兮寸草将衰。
朝思夕念兮梦萦魂牵。
愁肠寸断兮涕泣泪淋。
呜呼哀哉
尚飨

膝下不孝明子泣血叩首
庚寅清明苦夜

一九四五年江西省立九江女子师范学校校长熊恬获抗日战争胜利勋章

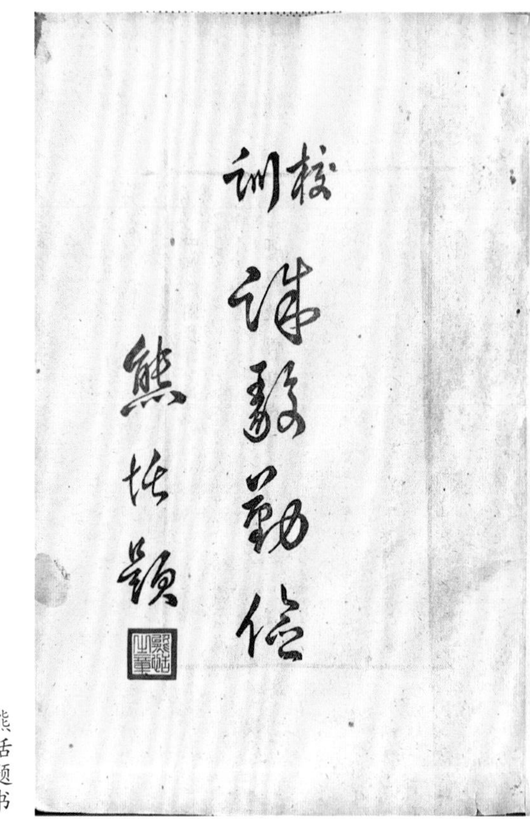

熊恬题书

熊校長語錄

人生以身體為第一，所以「德智體」三育，應將其次序改為「體德智」三育，以正社會視聽！

熊恬校长关于体育第一的语录，载于一九四七年九江女师建校廿周年特刊，指出应将『德智体』改为『体德智』。难以想象数十年前的理念竟然符合新中国伟大领袖毛泽东的教导——『身体好、学习好、工作好』，将身体好列为第一要务（熊明注）

江西省立九江女子师范学校教职员合影（前排左起：贺耀宗会计、周智、肖孰汤、周慈惠、汪际虞、刘仁兰；二排左二 熊学廉、方佩兰、熊愷、段九青、熊恬、杨时勉老师）

一九五六年二姑熊恬出狱后与大姑熊憧、三姑熊怡在庐山合影

恭贺四姑大人熊慑九九高寿

游学返赣登杏坛，化雨春风润玉田。
博爱仁慈王母悦，蟠桃大熟赐高年。

戊子春（二〇〇八年）明子于北京

公元一九三七年七月七日，日寇侵华，余随母返回家乡丰城县茶溪镇。适熊慑留日归来，任教余父创办之剑声中学，实际上是副校长。余父和四姑带领学生义务劳动近一个月修筑一条约 1.5 千米长的大路。大路两侧种植木子树，果实可以榨油制蜡，出售所得捐献用于抗日。这是一次教学与劳动相结合的行动，也是剑声中学『手脑并用、文武兼双』精神的体现，为乡民生活工作乃至经济发展作出了贡献。平日黄昏之际，师生多漫步于大路上，高唱抗日歌曲，如『高粱叶子青又青』『我的家在东北松花江上』『工农商学兵一齐来救亡』『起来！不愿做奴隶的人们』等歌词慷慨激昂，引人向上。师生同仇敌忾、意气风发。

入冬，余母病故，父亲忙于办校，命余随二姑熊恬、三姑熊怡、四姑熊慑，入九江女师附小就读。其时因抗日军兴，女师已迁至吉安市『老屋下』，后又辗转迁至宁都石上镇。九江女师为培养优秀师资，课程除语文、数学外，音乐、美术、体育、劳作、唱歌跳舞等，几乎无所不包，尤以话剧见长。熊慑每周末都携师生排演抗日话剧，如歌颂抗日空军战士的飞将军等，还亲自饰演男主角。除在附近农村演出宣传抗日外，

九江女子师范学校老学生王淑芳（左）、郭金娣（右）探望作者之四姑母熊慑（一九九八年）

四姑母熊慑

熊恺当时还公演义卖，捐献所得用于抗日。一九四〇年学校迁至石上后，演出剧目更加丰富，有苗可秀（东北义勇军领袖）、前夜、野玫瑰、牛头岭等，还有歌舞剧小小画家、天鹅等。这些剧均由四姑导演。每次在宁都县城的演出，都受到当地长官、抗日军兵、商户及各界名流的欢迎。演出振奋民情，民众大力捐献物资，支援救国。其时余就读于女师附小，身处抗日大氛围及女师艺术环境的氛围中，经常随同老师（称叔姑）、学生（名姐妹）绘制抗日漫画、壁板报，教村民唱抗日歌曲并参加演出，曾扮演各种儿童角色。在苗可秀一剧中，余虽只在幕后有一句台词，四姑也十分认真地教我，告诉我要充满感情地念台词：『姐姐，goodbye。』记得刚到石上时，梅江在小镇旁流过，汹涌的波涛吸引四姑纵身跳入水中畅游。忽然水中不见人影，岸边人们感到大为惊吓时，四姑又从容浮上水面，仰卧水上，漂流而下，人们惊恐之心这才放松。四姑还喜欢打网球，课余常与张庆英、段九青等诸位老师挥拍。我们小孩就充当球童。

上述种种可见四姑生性喜爱体育，热衷艺术，显然是位书香门第出身的才女。一九四二年，四姑被江西省政府派往重庆入宋美龄主办的妇女进修班学习。我们在石上汽车站送别，累经生离死别的幼小的我，见车辆扬尘飞驰，四姑远去，不禁潸然泪下。四姑待我尤如严师慈母，我稚嫩的心灵对恩重如山的姑母万般依恋。四姑进修历时一年返回石上。由于操劳过度，四姑竟然头发成绺脱落（俗称『鬼舔头』），许久以后始恢复。在我升至初三时，四姑教我们英语，由于四姑教学严格认真，为我学习英语打下较好的基础，为我日后上教会学校、同文中学和金陵大学创造了良好的条件，我达到了能读、能写、能看、能说的较高水平，为后来学习俄语打好基础，此为后话。

一九四五年抗日胜利，余初三时，也曾指导本班同学演出杏花春雨江南；在一中又参与咆哮山庄的演出；在同文中学导演压迫；还参加唱诗班，担任领唱、独唱演员；圣诞之夜带领同学『报佳音』；主演第四博士；在广西大学导演林冲夜奔；自导自演兄妹开荒；在清华大学参演抗美援朝歌剧鸭绿江上；参加工作后又导演反美活报剧哎呀呀美国小月亮；指挥『五一』大合唱。上述种种不厌其详，乃至喋喋不休，除叙述女师、同文重素质教育外，更表明四姑高素质多才艺对我的深刻影响。

一九四五年日本无条件投降。熊恺受校长熊恬委派，为女师返浔打前锋。至九江时，校舍仍被日军盘踞。四姑当即以接收大员身份，召见降官，下令日军立即撤出。日军官鞠躬遵命照办，足见四姑胆识不凡，巾帼不让须眉。后四姑又招收一批工人，清除垃圾，打扫校园，维修校舍及家具，为全校师生返浔复课创造良好条件。

一九四七年，熊恺被选为江西妇女界国大代表赴南京时，全校师生欢送，不少学生为短暂的离别动情泪下，足见师生感情之深。

一九四九年，熊恺往桂林，准备就任广西大学教职，彼时余正就读于广西大学，忽传时任江西省医学院院长、省政府卫生处处长的二叔熊恢被国民党扣押。二叔奉命迁往广州时，留下大批医药器材。解放军进城后广播感谢熊校长。国民党政府以通敌嫌疑罪名，勒令拘捕二叔。闻讯后，四姑火速赴广州，营救二叔。随后二叔又被带往台湾，四姑无奈，只得随护同行。该年冬季，余由桂林返南昌，失学在家。四姑由台来信叮嘱我需坚持自学，千万不可自暴自弃，最好找一个图书管理员职位，既养活自己，又可增进学业。四姑对余关怀备至。此后两岸通信断绝，再无四姑消息。

直至一九八八年，二叔返赣探亲始恢复联系。

一九九二年，中国台湾的中国青年党主席陈启天（邓小平在法国勤工俭学的同学）应邀来京会谈。余之四姑母熊愷代表陈率团前来，余赶往北京机场迎接，骤然见面，相拥涕泣，哽咽难言。继而，余陪同四姑下榻钓鱼台国宾馆。余当即电告当年九江女师同学现在京者相聚，众皆感慨不已。后余又陪同四姑游览长城、长陵、颐和园。三日后，四姑南下，余因工作忙而无法随侍，深以为憾。

四姑返九江，受到九江师范的领导同志欢迎。参观校史馆时看见创始人、首任校长熊恬的照片高悬于首位，四姑不禁泪下，应邀题字时题写『公道自在人心，学校前途无量』，既感谢学校为熊恬平反，又为学校祝福。

一九九五年，四姑偕二叔、五姑、五姑丈来北京访问，三姑亦由九江赶来，四代同堂，重聚新中国首都，共庆团圆，同享天伦之乐。

余父与四姑多年来拟在台恢复父亲所创之剑声中学，因财力不足未果。后四姑创办幼稚园（幼儿园），成绩卓著，获新店市表彰奖励。一九九七年，四姑再次返赣，我伴同购买二层小别墅一幢，本拟再办一所幼儿园，后因种种原因，改创『剑声松鹤老人院』，由余之侄女熊盛安主持，贯彻四姑尊老敬贤之心，充分体现四姑博爱之情以及对社会公益事业服务之热忱。

一九九七年，四姑再次返南昌，由我陪同，在台办协助下，遍访南昌教育部门及众多学校，寻求合办剑声中学。因种种原因，未能如愿。

二〇〇九年，余应丰城市领导邀请返乡，并被嘱设计一所义务教育九年制中学校舍，余深感当局之信任，乃斗胆建议，重建剑声中学，获领导认可和大力支持。

该年春，余随丰城市教育考察团赴台，祝熊愷百岁高寿，

一九九五年二叔熊悛、四姑熊愷、五姑熊学贞、五姑父赵凯凡回大陆探亲，同游北海公园，并仿膳宴请

并聘熊愷为新剑声中学名誉校长。四姑欣喜异常，不顾百岁高龄，与在台同乡故旧、剑声校友，于江西同乡会设宴招待代表团，即席致辞，感谢丰城市大力支持重建剑声中学，称赞大陆重视教育，深得民心，表达自己愿尽绵薄之力，并倡议大陆同乡及老校友投资赞助建校；望众志成城，群策群力，实现老校长夙愿，告慰老校长在天之灵。

在北海仿膳宴请台北返乡长辈

在台湾，余见四姑身体非常健康，思维灵活，精神愉快，行动自如；表弟汤绍成孝亲志谆，余心十分快慰庆幸。值二〇一〇年春暖花开，剑声中学校园工地已平整土地、准备正式开工，成为普及教育、培育人才的一个新据点，见证家乡领导顺应民心，为一方举办实事，兴义务教育大业。利在当代，功传千秋。绍成表弟为恭祝母亲百岁高寿，广邀亲友，为文庆祝，余亦忝在其列，乃作此文并长歌一曲，聊表衷心。

一九九二年四姑应邀回大陆商谈，顺道返九江访问九江师范（左边是三姑熊怡，右边是该校负责人）

二〇〇九年江西省丰城市代表团访台，图为团长熊红光将重建之剑声中学名誉校长证书奉予熊愷（作者之四姑母）

前排居中白发者为四姑熊愷，时年百岁，后排左四为熊明

赠熊愷女士二首

何仁烯 一九九二年

阔别浔阳四四秋，
难忘故土梦中游。
人生本爱天伦乐，
手足偏为海峡愁。
姊妹相逢甘作泪，
同人聚会喜凝眸。
归期有限情无限，
两岸心潮一处流。

杏坛春雨洒天涯，
兄妹荣膺教育家。
赣水弦歌怀教泽，
台湾绛帐献芳华。
青春永葆灵台秀，
耄耋犹开智慧花。
故国深情儿女泪，
黄昏宜早惜流霞。

注：熊愷女士，江西丰城人。北平大学女子文理学院毕业后，进入日本早稻田大学研习社会学。先后任剑声中学教务主任、九江女师训育主任。一九四八年离浔去台，仍从事教育工作。其兄熊恢，原南昌剑声中学校长；熊悛，原江西省立医专校长；姊熊懂，原江西助产学校校长；熊恬，原九江女师校长。其妹熊怡、熊悌均为九江女师教员。

答何仁烯君诗二首

一九九二年熊愷老师返浔，昔年九江女师已改名九江师范，第一届毕业男生仁烯君吟诗为志，现该诗载于疏荒斋诗存。丁亥岁末（二〇〇七年）明子步其韵致谢

自台归里岁进秋①，
已非昔年赴东游。
女校老师蒙冤屈②，
男生弟子除忧愁③。
两岸潮涨又潮落，
四海青眸变白眸。
昔日五位丽人行，
如今姐妹泪双流。

剑声创立闯天涯④，
妹弟携同离老家。
意气高昂游日本，
世情深悉返中华。
欢歌布谷呼精种⑤，
鸣啼杜鹃泣血花⑥。
客老他乡心失落，
夕阳无限盼朝霞。

① 已近暮年。
② 指校长熊恬。
③ 指何仁烯君。
④ 江西丰城剑声中学。
⑤ 布谷鸟每当春播时返原地，声似『布谷』，故名。
⑥ 民间传说杜鹃啼血花开，杜鹃花亦名映山红。

悼熊恬

何仁㛓 一九八八年

方春从教立身先，告别东瀛返故园。
溢浦江头兴女校，濂溪书院续诗篇。
八年抗战风尘浴，千里征程雨雪眠。
有志无家家业大，无心育子子孙全。
弦歌事业谋长久，时代潮流变瞬间。
为国育人何罪有，岂知莫名祸牵连。
人间世事难言说，自古冤情无数悬。
历史已经成旧迹，我仰青山一女贤。

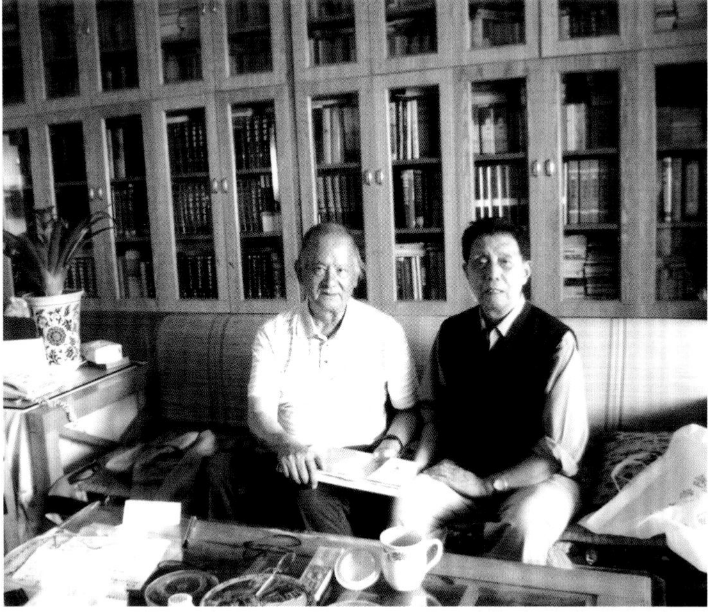

二〇〇九年五月二十三日于九江何家拜访何仁㛓学长

答谢何笑天先生『悼熊恬』

留学东瀛自当先，献身教育返家园。
女师创建灿笑靥，学校累迁谱新篇。
岁岁耕耘身渐衰，年年筹划神少眠。
课堂宿舍皆不足，仪器图书尚齐全。
教学成功师生共，宣传业绩民众间。
胜利返浔精气爽，勋章荣获欢笑连。
难报春晖唯涕泣，笑天伸冤奉师贤。

丁亥岁末明子于北京

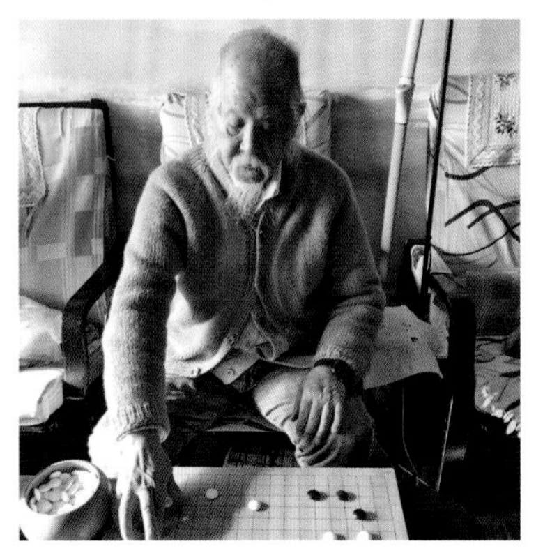

琴棋书画（组图）

童趣

童嬉

童味

童心

一九五〇年抗美援朝短歌剧（左起：梁友松、沈远翔、谢文惠、藏筱珊、熊明、陈声海、汤纪敏、英若聪、殷一和、茹竞华、王少安、苏其圣）

与中国台湾前长官孙平打高尔夫球

家庭合影（左起：次女孙兵、曾孙女张雨晴、长女孙林、孙德华、熊明、外孙女赵晨）

在内蒙古锡林郭勒草原

篇二

承传涅槃化原创

（一）北京工人体育馆

一九五七—一九六一，主持人孙秉源，建筑设计负责人熊明，结构设计负责人汪熊祥、虞家锡、郁彦，设备设计负责人胡鄰舟，电气设计负责人吕光大

为准备一九六一年在北京举办第二十六届世界乒乓球锦标赛，受国家体育运动委员会委托，北京市人民政府决定兴建比赛场馆，要求场馆能容十台乒乓球桌，且可同时进行比赛，观众席位不能少于15000座，经多方案比较，余创作的视觉质量最合理的圆形方案被选中，并获批准。北京工人体育馆（简称『工体馆』）乃余负责设计的第一项工程，余毫无承担如此重要、如此巨大工程的实践经验，深感责任重大，只能学习容国团『人生能有几次搏』的精神，日夜加班，拼命干。施工期间，余一直驻工地。工体馆建成后，获国内外各方称赞，后来获得中国建筑师学会优秀创作奖。

结构是关键问题，结构工程师提出的钢拱架跨度近百米，太费钢材。余翻遍国内外资料发现，一九五七年比利时布鲁塞尔世界博览会圆形美国馆直径约80米，采用悬索结构，钢索只受拉力，非常省钢材，非常适合用于工体馆。余之建议获结构总工程师朱兆雪完全

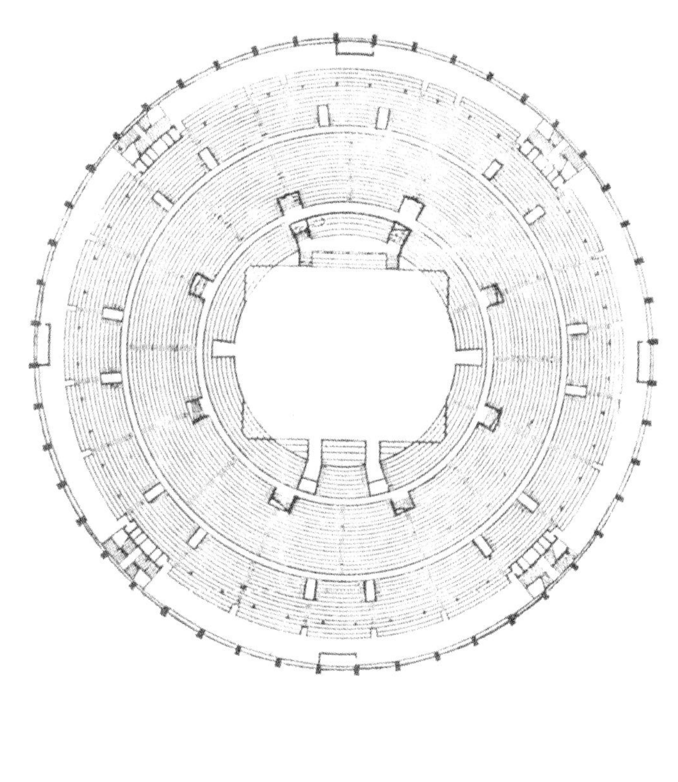

工人体育馆平面

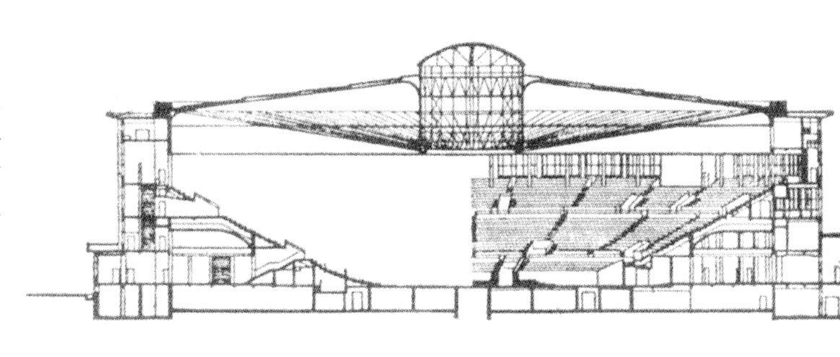

工人体育馆剖面

工人体育馆外景

赞同，沈勃院长率朱兆雪总工程师及余向北京市委第二书记刘仁汇报。刘特别重视安全，余解释屋盖像车轮平放，朱兆雪总拍胸脯保证安全，乃获同意。但美国馆只是临时建筑，屋面只覆盖一层塑料布，建设起来非常容易。工体馆是永久建筑，屋面要防雨、防雪，还要防风、防地震，钢悬索怎样锚固都是难题，经结构工程师们进行多方面的技术研究，这些问题最终得以解决。

设计团队共同努力，仅用两个月时间完成全部施工图。随即各专业负责人下驻施工现场，一方面贯彻设计意图，另一方面协助工地解决技术难点。余用油画作设计表现图，为国内首次。国家领导人来工地视察，看到表现图后微笑拍着我的肩膀说『小青年把体育馆建得人人爱』。

该项设计也是余从清华大学建筑系研究生毕业后创作的第一项大型建筑，余时年二十六岁。工体馆具有国内建筑的七个第一：

（一）第一个直径近百米的圆形建筑；

（二）第一个能容十台乒乓球桌同时进行比赛的室内场地；

（三）第一个观众席位超万座的体育比赛厅；

（四）第一个利用同一空间设两部交叉疏散楼梯的建筑；

（五）第一个采用大跨度悬索结构叉屋盖的建筑，

北京建院领导及各位总工参观

新华社新闻照片（组图）

其构造技术全部具有自主知识产权；

（六）第一个由中国建筑学会发布专刊赞扬的作品；

（七）美国密·斯·凡德罗将其纳入教科书。

工体馆建成后比赛顺利进行，获中外多方赞扬，《建筑学报》为之发表专刊，以工体馆全景为封面，称之为新型的体育馆，对端庄清新的建筑形象赞赏有加。当年为答谢全体建设人员，主办各方举办了文艺演出，节目有相声、小品、杂技、马戏，特别是有郭兰英的歌唱。郭兰英亲自对余赞扬，说大厅声音非常好，绕梁三日音韵不绝。其后直至现今，工体馆不仅经常有体育比赛，大型歌舞等文艺演出也累累不断。

此后，余被破格任命为北京市建筑设计院技术委员会委员，该委员会全由总工程师及部分主任工程师组成，余只不过是个年轻的技术员，

《建筑学报》封面

虽然在工地人们都称余为『熊总』。余又被破格聘为业余大学教师，挚友张人琦为助教，培养出多位著名建筑师。

诗曰：

圆圆工体馆，
条条悬索抻。
世锦乒乓赛，
和平友谊真。

感恩

领导①常怀伯乐心，
放手重用学生军。
杨公②指导新方案，
孙老③提供旧写真。
团队师朋④共努力，
独行学子完重任。
国家急需才俊出，
遂令竖子早超群。

辛丑秋（一九六一年）于北京建院

① 指沈勃院长、李正冠书记
② 杨锡镠总工
③ 孙秉源组长
④ 刘开济、宁钟琳、刘振秀等

北京工人体育馆
丁酉（一九五七年）设计
辛丑（一九六一年）建成于北京

（二）北京饭店大宴会厅内部改造

一九六一—一九七三，与冯国樑合作设计。

改造后的北京饭店大宴会厅内部

因宴会厅灯光照度不足，顶棚深褐色反光极少，大厅光线太暗，经领导指示，饭店管理方决定进行改造。

余首先着手设计新灯具3套，其直径5米，以16片似橄榄叶之船形有机玻璃灯罩组成，内置大功率灯泡。其从11米高的顶棚下垂1.5米，在约1米的空隙中配置强力聚光灯照射米黄色的穿孔夹板顶棚，反射极佳，经请教原设计者、著名建筑师戴念慈先生，获得同意。

改建实施后，效果极佳，获各方好评。

（三）首都体育馆

一九六五—一九六八，主持人许振畅，建筑设计负责人熊明，结构设计负责人汪熊祥、虞家锡、高爽，设备负责人杨伟成、郭慧琴、张文增，电气设计负责人吕光大

首都体育馆原为第二届新兴力量运动会兴建，印度尼西亚在首都雅加达举办新兴力量运动会，盛况空前。第二届新兴力量运动会在中国北京举办。一九六五年，国家体委决定兴建新场馆。馆内需设室内滑冰场供冰球、冰舞训练及比赛使用，还需能安装木地板，以供16场乒乓球比赛以及羽毛球、排球、篮球、手球、网球、五人足球、体操训练及比赛使用。观众席不能少于18000个座位。为满足上述要求，经多方面研究，余设计了30米×61米的冰球比赛场，室内人工制冰的场地并置有大型机械拖动的木地板，拼装成40米×88米的巨大场地，以供大规模乒乓球比赛、体操比赛及篮球、排球等各种室内球之训练与比赛使用。为方便观众更加接近场地，设计了可由人力推拉折叠活动的99米×108米×20米的看台，缩小了场地比赛厅的空间尺度。综合上述功能，余为该比赛场馆设计了2个方案，实施方案中比赛厅空间尺度为99米×108米×20米，建筑外形为近于正方形的矩形。关键技术在于巨大空间采用何种屋盖，余提出采用钢制平板型空间网架，获结构工程师张承启支持，他认为近于对称的结构非常稳定安全。此方案亦获结构总工程师杨宽麟大师之赞赏，强调抗震性能极佳。

该项目原由三室承担，但主持人及相关人员均无设计大工程之经验，其时余已调至二室，且有工人体育馆实践经验，故被沈勃院长指定负责设计并组成院营设计组。经对多方案比较，圆形工体馆在东郊，矩形首

首都体育馆外观

首都体育馆室内

都体育馆在西郊，分布合理，并象征中国古代天圆地方，可谓良配。其时余另有一海棠形方案，功能合理，结构先进，新颖夺目，可惜人们感觉形象特异，难以接受，因而被拒绝。直至20世纪此类建筑频频出现，如商品进口博览会展览馆及体育馆等。余之原创方案过于超前，未能实现，遗憾之至。不过近年类似建筑颇多，余亦感欣慰。

一九六八年，工程完成后，国家领导人到现场视察，极为满意，亲自定名为『首都体育馆』。

希腊的建筑院校将首都体育馆纳入教科书。

比较方案（1）

诗曰：

端庄简洁体方正，
技术功能营造精。
冷冻冰坪光滑好，
活动地板拼联平。
空调静压风力小，
伸缩看台重量轻，
热情群众齐欢迎。

戊申（一九六八年）秋于北京

比较方案（2）

（四）外交部办公大楼

一九七四—一九七六

按照首都建设规划，外交部办公大楼选址于中南海大门对面西长安街南边。设计之前，第三设计室领导率领各专业人员到上海、广州等地考察。经多方案比较，余之长矩形平屋顶被选定，庄严宏伟方案被上报。经外交部同意，准备呈总理审批之际，不料唐山大地震，全国大力救援，大楼工程未能按计划进行。

熊明绘制的外交部办公大楼

（五）外贸谈判楼

一九七五—一九七七，由冯国樑完成施工图

（一）第一项国内装配式建筑，钢筋混凝土构件工厂预制，工地拼装

（二）第一次全部采用石膏板隔墙，表面覆纸

（三）第一次全部干作业

诗曰：

和平贸易协商楼，
水泥钢筋框内筒。
结构厚墙利抗震，
预制拼板便施工。
线路清楚宜疏散，
使用方便顺交通。
不论中外均赞赏，
友朋兄弟乐融融。

癸丑春（一九七三年）于北京

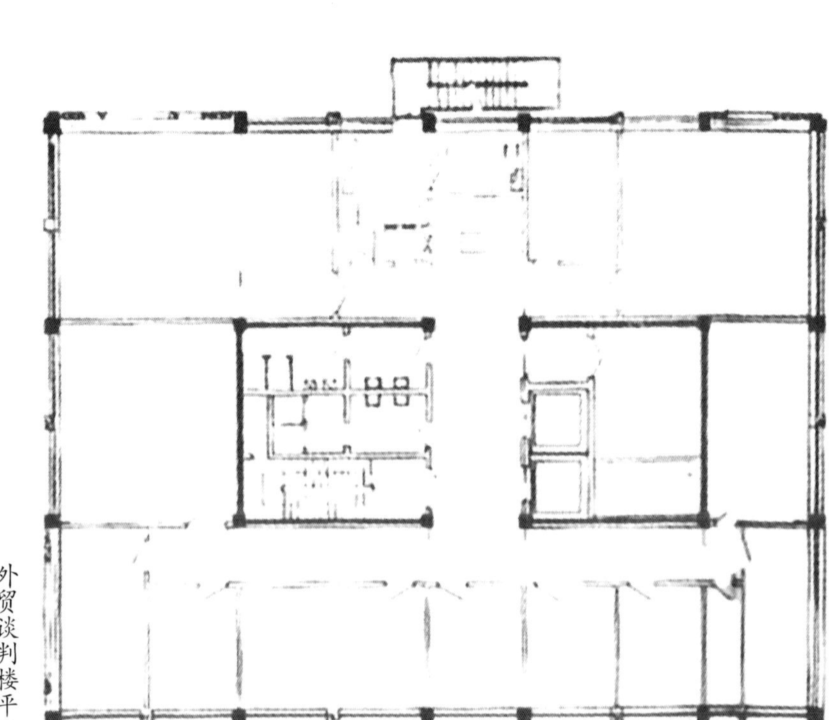

外贸谈判楼平面

外贸谈判楼外观

（六）中国银行总部办公楼

一九七六—一九七九，由冯国梁完成施工图，主持人熊明，建筑设计负责人熊明、冯国梁，结构设计负责人崔振亚，设备设计负责人郭慧琴

建筑以1.2米为参数，构成短边为20×1.2米（24米）、长边为22×1.2米（26.4米）的矩形平面，层高4米，共20层，高80米，加上电梯机房，全高86米。中部由电梯间和卫生间组成核心，钢筋混凝土核心筒与外墙钢筋混凝土1.2米间隔的密柱框架组成框筒结构，保证细高的塔楼有足够的抗震能力，保证安全稳定。核心筒外全是办公面积，可随意分割。前面沿街层高6米的两层裙房为营业厅，侧面裙房下部两层为斜坡停车场。访客的车辆由前边入口上行，职工的车辆由内院入口下行至斜坡停车，并进入地下室停车库（包括营业厅地下室）。侧面裙房第三层为小礼堂，斜坡停车层的斜顶板正好是礼堂的斜坡地面。

塔楼有两层地下室，下层是机房，上部为厨房粗加工间，食品货车可经地下车库驶入。食品经初加工后由专用电梯送至顶层厨房，废气可直接向上排放，以免气味充斥全楼。餐厅置于第5层和第15层。用餐时，餐厅上下两层的用餐人员可经楼梯上下，避免乘电梯人员过于集中，耗时太长。这是国内：

（一）第一次在塔楼中多层安排餐厅；

（二）第一次将热加工厨房置于顶层；

（三）第一次自主研发建筑外墙干挂花岗石构造技术，由余和施工技术人员合作完成，具有自主知识产权，其后被多栋建筑采用；

（四）第一次采用框筒抗震结构，使长细比达1：4的塔楼具有符合抗震规范的性能，保证安全。

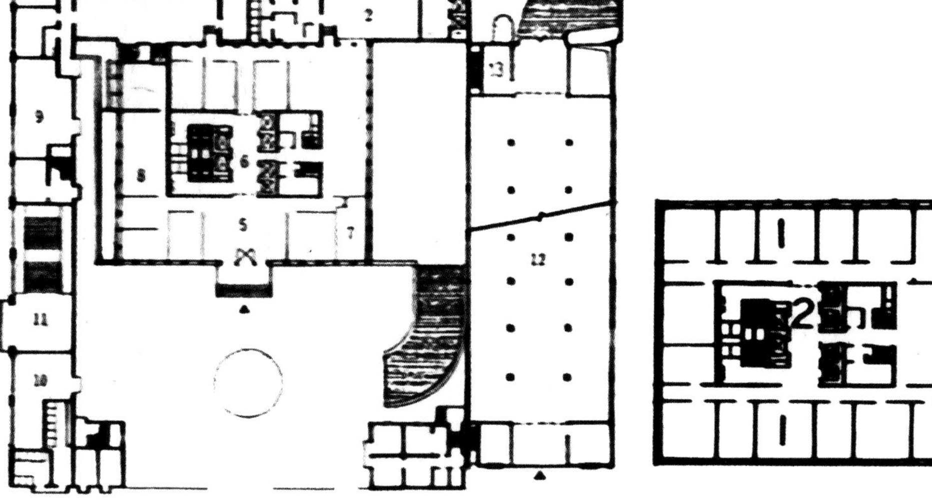

各层平面图

诗曰：

简洁新颖形坚挺，
周到功能立面清。
华丽装修皆不用，
端庄典雅象征诚。

己未夏（一九七九年）于北京

建筑外观

底层营业厅

（七）昆仑饭店

一九七九—一九八六，主持人熊明，建筑设计负责人刘开济、刘力、耿长孚、徐家凤、朱加相，结构设计负责人胡庆昌、徐文元，设备设计负责人杨伟成、于忠信，电气设计负责人周溶川

此系由中国建筑师设计的符合国际旅游酒店五星标准的工程，具有六个第一。

（一）第一次所有后勤部分机电用房、洗衣厂、食库、冷库、粗加工厨房均置于地下室，货车可由后面坡道直接驶至各处。工作人员也由后门坡道入更衣室，人员、物品、食品均由专用电梯运达各处。

（二）第一次为所有小餐厅设有送菜廊，避免与餐客交叉之污染。

（三）第一次在若干景观叠石中暗藏有空调管道及风口。建筑中的『昆仑八景』，不一一叙及。

（四）长达180米的建筑利用其有多处曲折之外形，未设置伸缩缝。

昆仑饭店工程奠基典礼（右二资方陆老板，右三熊明）

（五）24层的主楼与两层的裙房皆用桩基且施工时先建高楼，待沉降稳定后，再筑裙房，故亦未设沉降缝。

（六）在春季或秋季，可能朝北房间需供暖，朝南房间需供冷，为此第一次设计四支管道系统，可由旅客自行调节冷暖舒适温度。

诗曰：

巍峨逶迤昆仑山，
高贵鲜明酒店家。
立意清新神费尽，
精心合作互通佳。

癸亥夏（一九八三年）于北京

与昆仑饭店董事长李文达交谈。李系爱新觉罗·溥仪《我的前半生》之执笔者

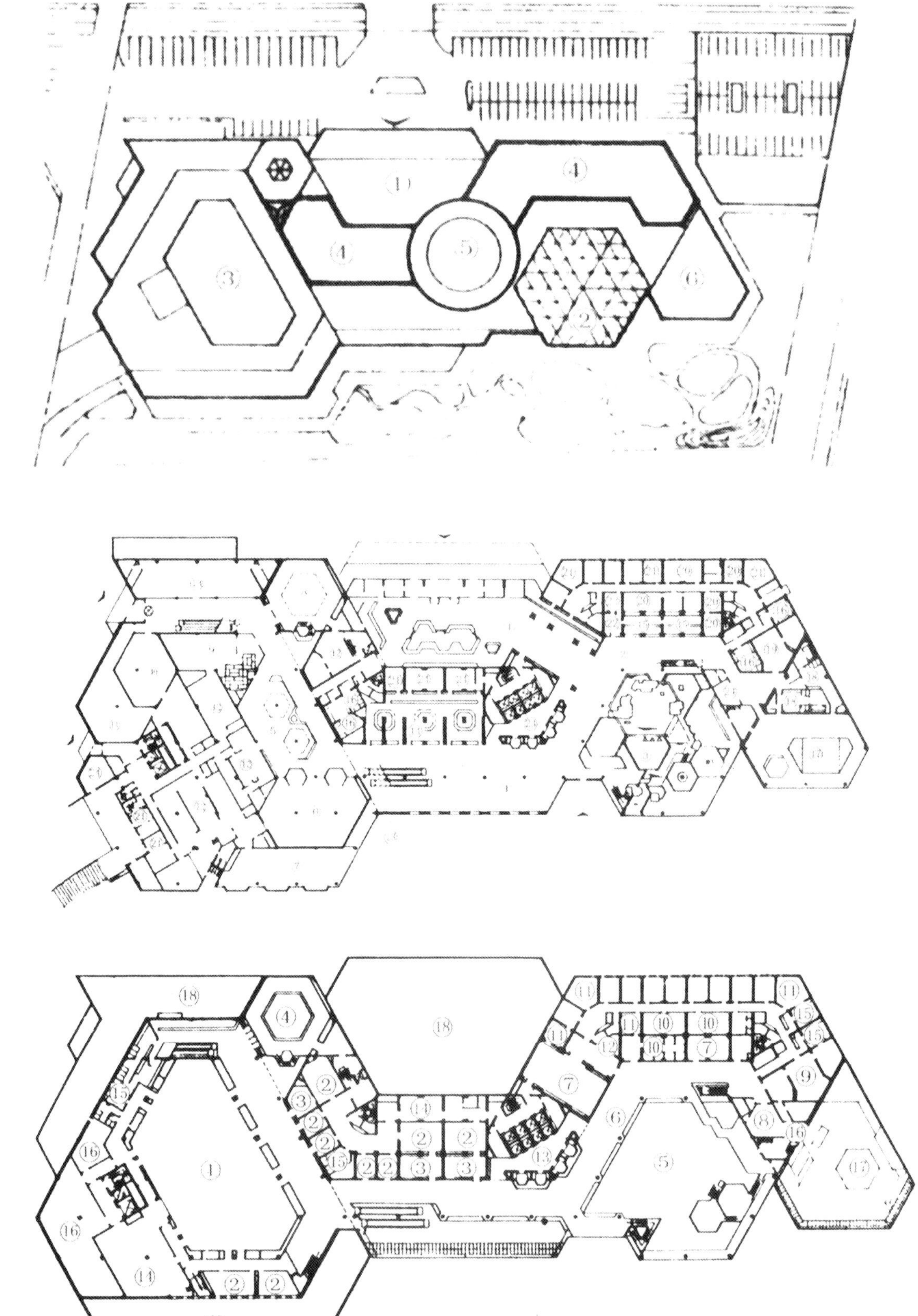

昆仑饭店各平面图（组图）

建筑外观

四季厅内景（瑶池天柱）

小街（水清翠竹）

（八）厦门办公楼竞赛方案

一九八三年，张光恺、李承德协作设计

竞赛方案中厦门办公楼由三座高低参差的六角形塔楼组成，因而名为『水晶塔』，外墙朝向好的方向为玻璃幕墙，阳光强烈的方向为实墙，开六角形的小窗，如此处理宜于天然采光，亦可节约能源。

六角形小窗具有中国园林风格且与六角形平面呼应，表里一致。裙房为公共活动场所、餐厅、商店等，均为六角形平面，与高楼契合。坡屋顶也显中国风格，与六角形小窗同具中国情结。外挂电梯具有动感，体现时代精神与传统的融合。该方案被选中，后未知何故该楼未建。

建筑外观

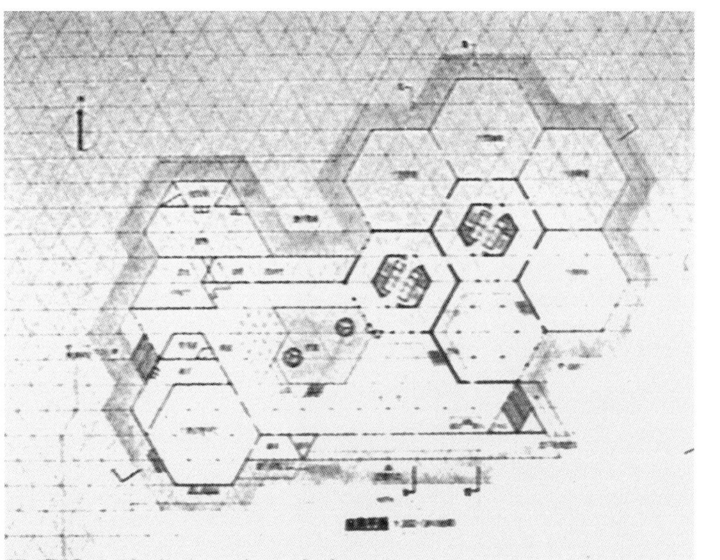

建筑平面

（九）西南交通大学新校园规划竞赛方案

一九八三年，李承德、玉珮珩、许国伟协作设计

我院应邀参加竞赛，新校园周围南临城市主要干道，其他方向为次要干道。校园分为教学区、学生活动区、教职员住宅区三部分。教学区主要面向南边主干道，有主入口。大片绿茵正对礼堂，六栋朝南的教学楼对称分列东西。

大片绿茵与后面的图书馆、食堂、体育场、体育馆成中轴线。六栋学生宿舍分列食堂两旁，教职员工住宅布置在西侧。整个校区有内环步行路相通，所有机动车辆均行外环路，人车分流。

总体模型鸟瞰图

图书馆及学生宿舍

（十）北京师范大学电化教育馆

一九八四年，由马宗述完成施工图

本项目按1.2米参数设计，方便自由分隔。楼房的多层为教室，二层为摄制及播放室，斜屋顶部分为大播放厅。

建筑外观

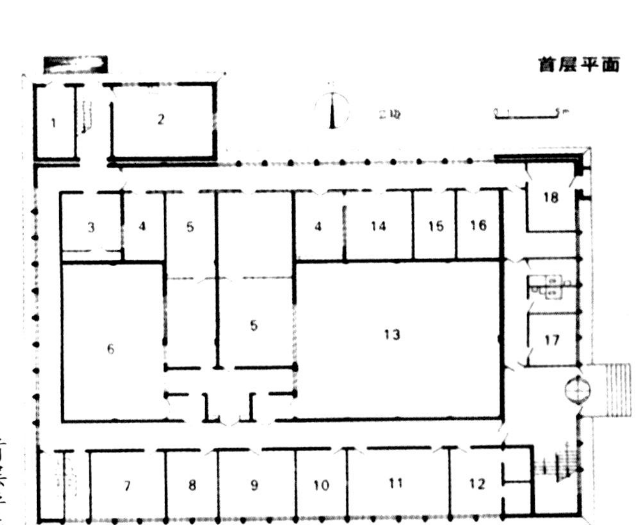

首层平面

建筑模型

（十一）北京朝阳门中美合资综合商业楼方案

一九八四年，李承德协作设计

本项目主楼24层，上部为旅馆，下部为办公楼，裙房6层，前部为商店，后部为酒店，二者之间由玻璃屋顶的商业街（MALL）相连。货车由后部坡道驶入地下室，再由电梯将货物运向各处。

这是国内第一条设有内部天然采光井的商业街。外立面由横向玻璃窗和实墙组成，主入口有红色圆柱廊，中国风格明显。高层主楼上部折角处设凹阳台，可供顾客眺望，亦置红柱，中国符号极为明显。

楼内配有各种菜系的餐馆、影视厅、游乐场等服务厅室。

建筑模型

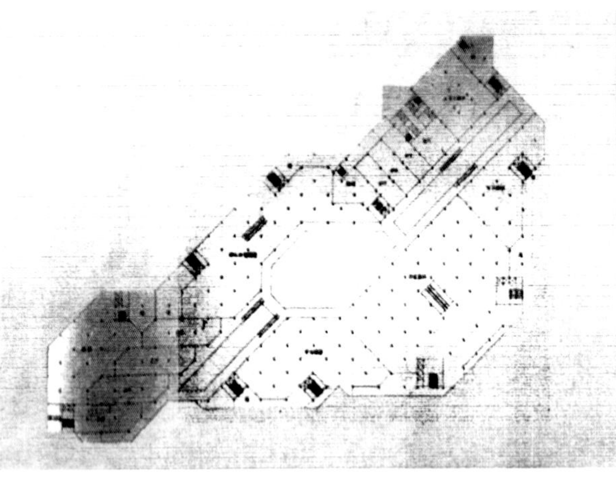
建筑平面

设计效果图

（十二）北京亮马桥中德合资旅游购物中心

一九八八九年，李承德协作设计

项目用地东临三环干道，南为亮马桥路和亮马河，西端为方钵形五层购物楼，东端为五星旅馆，二者由架空长廊连接，方便旅客去商场。长廊后部空间为绿地，再后即为多层餐馆，经营全国各地特色美食、美酒。商场、餐馆楼、高层旅馆围合成内院，架空长廊向城市敞开，内外通透，互借景观，吸引人们进入探看，自然召引顾客。西北角为服务楼，由仓库、机房、职工宿舍、家属住宅组成。

总体构成空间虚实对比，门窗与实墙虚实对比，中国传统长廊下的红色垂花门帘与商场室外滚梯体现传统与现代技术交融，直线墙体与曲线屋顶刚柔并举，阴阳共济，如同一部交响乐。正如歌德所言『建筑是凝固的音乐』，商场是第一乐章，旅馆是第二乐章，餐馆楼是第三乐章，整个建筑群综合为第四乐章。阳刚的白色实墙是第一旋律，阴柔的褐色玻璃屋顶及门窗是第二旋律，长廊红色垂花门即为『华彩』。

有关各方对此极为赞赏，张镈总特别满意，不料德方自带建筑名师，可惜余白费心血。

建筑设计图及模型（组图）

（十三）国家标准局办公楼及资料库

一九八四年，李文华完成施工图

本项目位于北京德胜门外元大都古城墙燕京八景『蓟门烟树』西边。创作体形与古城剖面神似，门窗亦采用居庸关城门形象，与环境契合。因该楼为办公楼及资料库两部分组成，后者向外开放，故平面设计各有入口，各有垂直交通，但二者也可内部相通，故造型大小、高低有差别却又紧密契合，形象完整，反映功能。

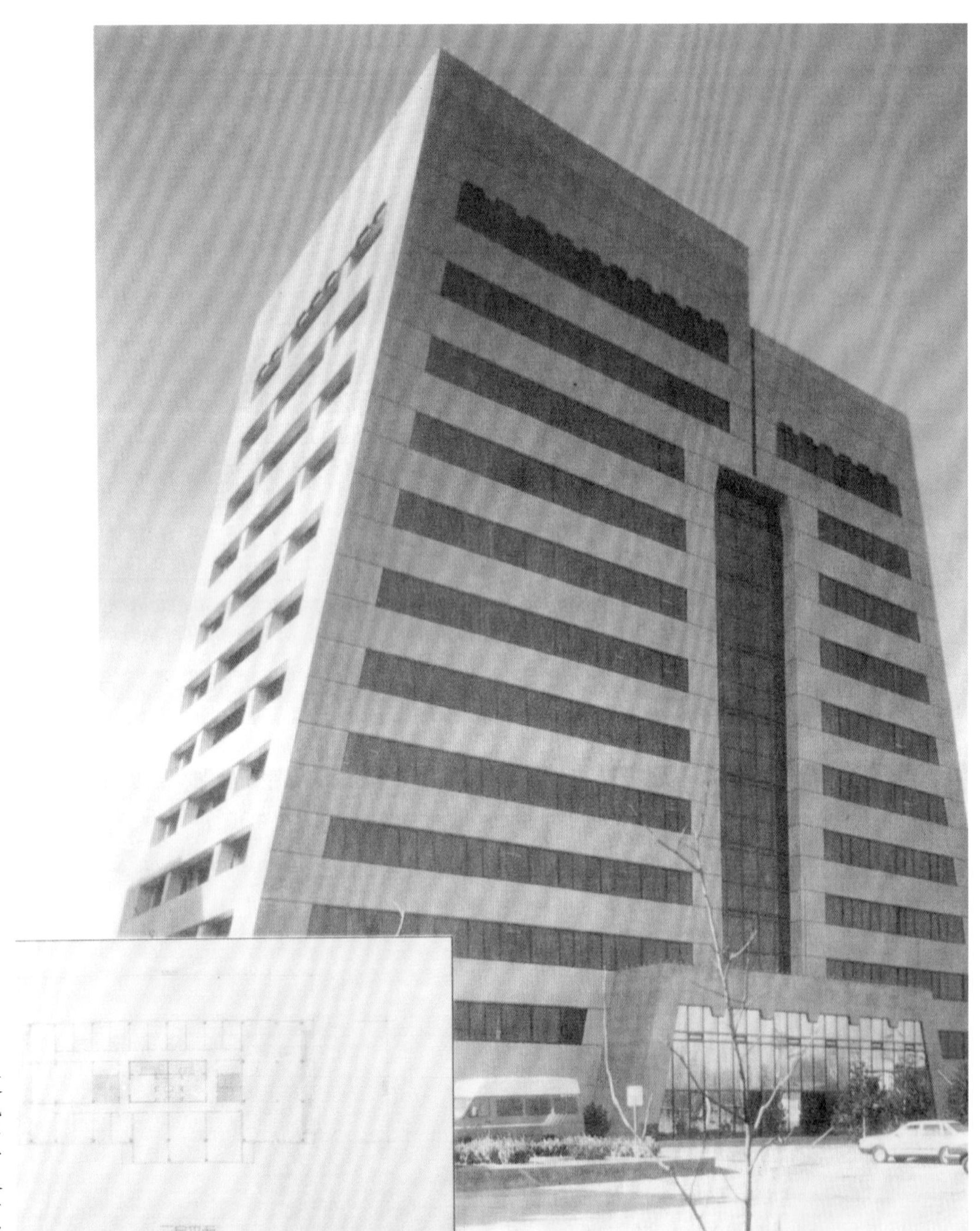

建筑实景及平面图

（十四）某军事大楼设计竞赛方案

一九八四年—一九九三，李承德、由扬、杜松协作设计

（一）第一轮方案设计成八角环形大楼，环形内院尺度巨大，下部为礼堂，上部面向内院的房间，可供需保密的单位使用。外观上，从任何角度都可看到八角楼的三面，与方形只能见到两面相比，显得更加开阔。某位高层领导非常喜欢，谓早年苏维埃总部即为八角楼。但有的评委认为内院不够大，采光不够，还有的评委认为面宽不够大，不足以体现庄严雄伟。

（二）一九八五年第二轮方案，平面为矩形，造型用中国建筑传统『收分』的手法，上小下大，显示坚固稳定。竟有个别评委认为像坟墓，余实在难以理解。方案最终未获多数票认同。

（三）一九八六年第三轮方案，建筑如巨大的白门框层层收缩，进入内部，层次多，体形丰富，更显示严格的保卫，仍未获多数认同。

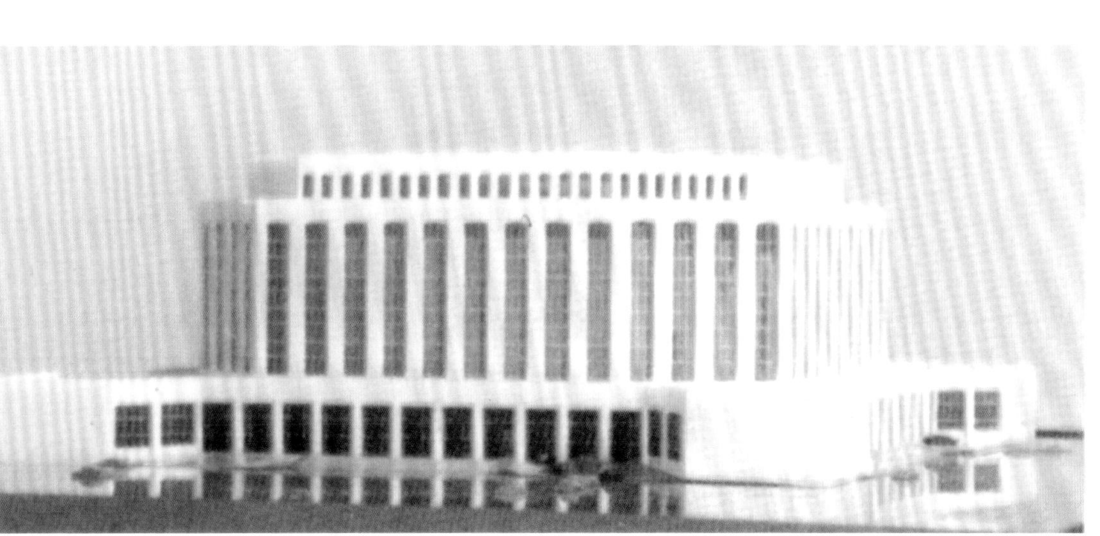

第一轮方案

第二轮方案

（四）后因种种原因竞赛中断，一九九三年项目重新进行。第四轮方案将保密部分设计成两开间实墙，形似巨柱。顶部三层实墙开小窗，周边悬挑，神似中国传统飞檐大屋顶，总体构成巨型结构。底层扩大，两翼展开，体形宏伟，象征坚不可摧的军事力量。该方案终获全体评委赞赏。尤其是张镈和赵冬日两位大师赞不绝口，认为该方案既具有中国建筑传统风格，又体现军事现代化的精神力量。最后，评委会主任决定与军方某院之方案一并上报上级，由领导挑选，不料某位市主管领导不愿担负设计责任，竟不管多位专家组成的评委会之决定，压下余之方案不予上报。

天有不测风云，余殚精竭虑、呕心沥血的原创作品就此淹没。

多年后，见到该方案竟然实现（只不过体形较小），欣慰不已，感谢和我有同样审美观的朋友为我圆梦。

第三轮方案

第四轮方案

（十五）外贸部办公楼重建

一九八五年，冯国樑完成施工图

原办公楼于二十世纪五十年代由天津大学建筑系主任徐中教授设计。徐述曰『社会主义内容与民族形式』即『西红柿烧牛肉』，将办公楼分为三栋，呈『品』字形排列。主楼四层居中，配楼三层，分列两边，均坐南朝北，面对东长安街，上有传统大屋顶，下有须弥座。此次扩建考虑到将来主楼和西楼亦将重建，因而将东楼造型设计倾向中心主楼，并将接见厅及谈判室等较大空间厅堂置于前部，办公室部分高楼置于后部。功能结构安排合理，外部形象富于层次。顶部则大部分为平顶，仅电梯机房的屋顶设计成多面坡顶，类似于西亚建筑形象，象征丝绸之路。

外贸部办公楼

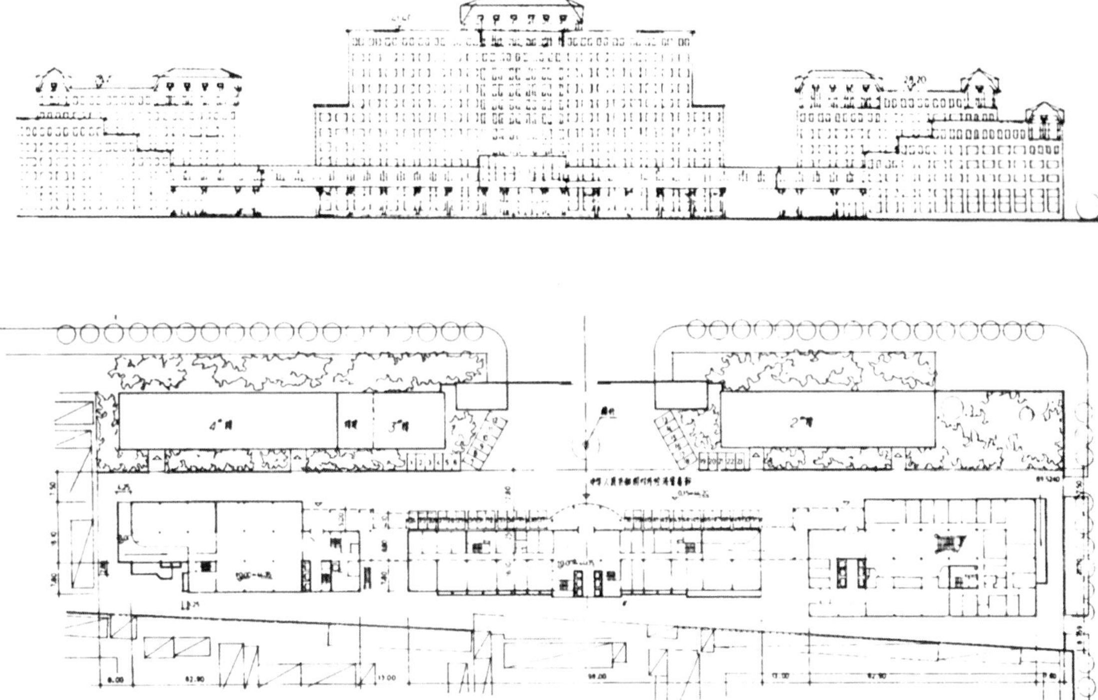

外贸部办公楼立面图

外贸部办公楼总平面图

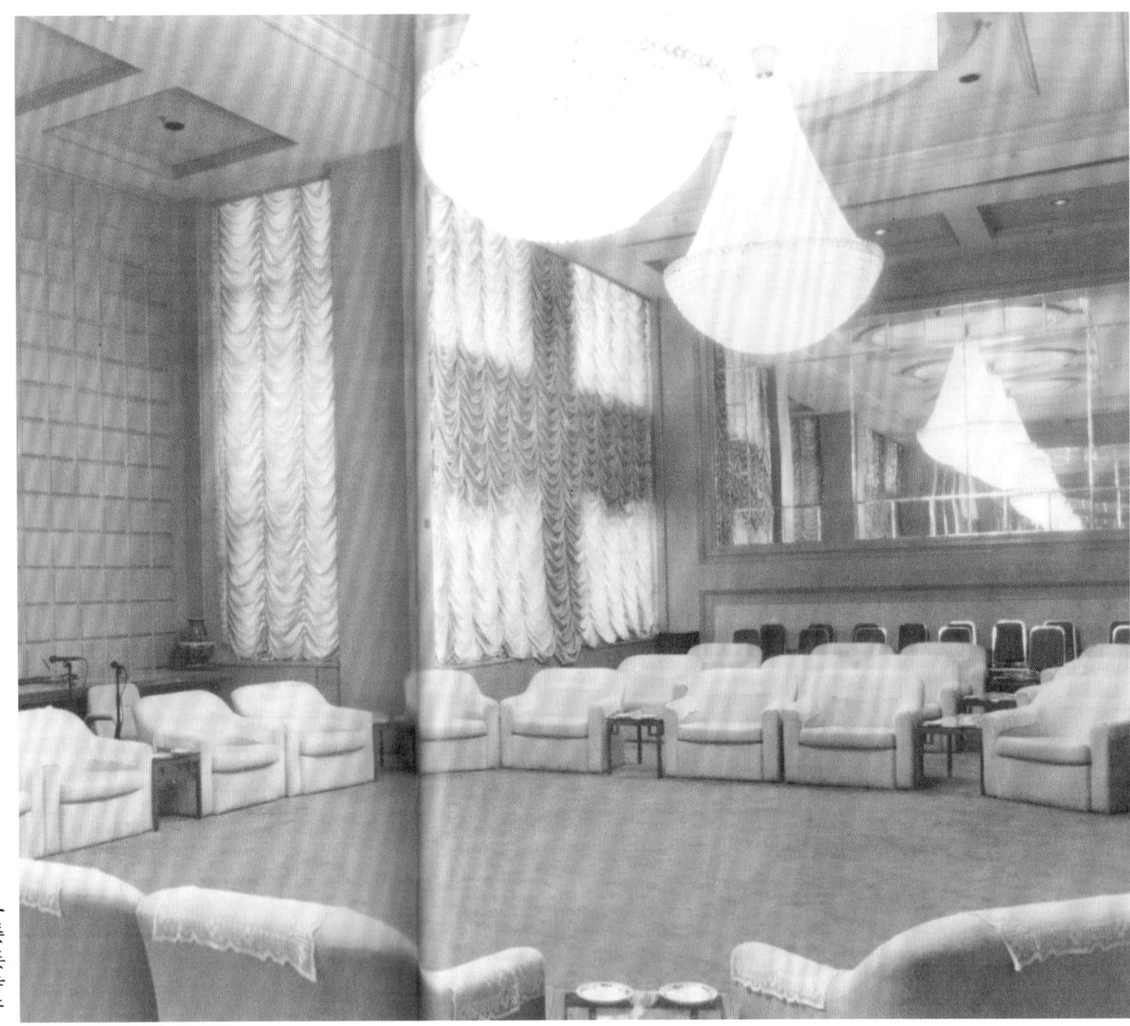
二楼接待厅

底层大厅

（十六）北京裘皮公司

一九八五年

前边玻璃穹顶下系商品展厅，供顾客选购商品，高楼下三层系交易商谈厅室，上部为办公室及客商招待所。

建筑外观

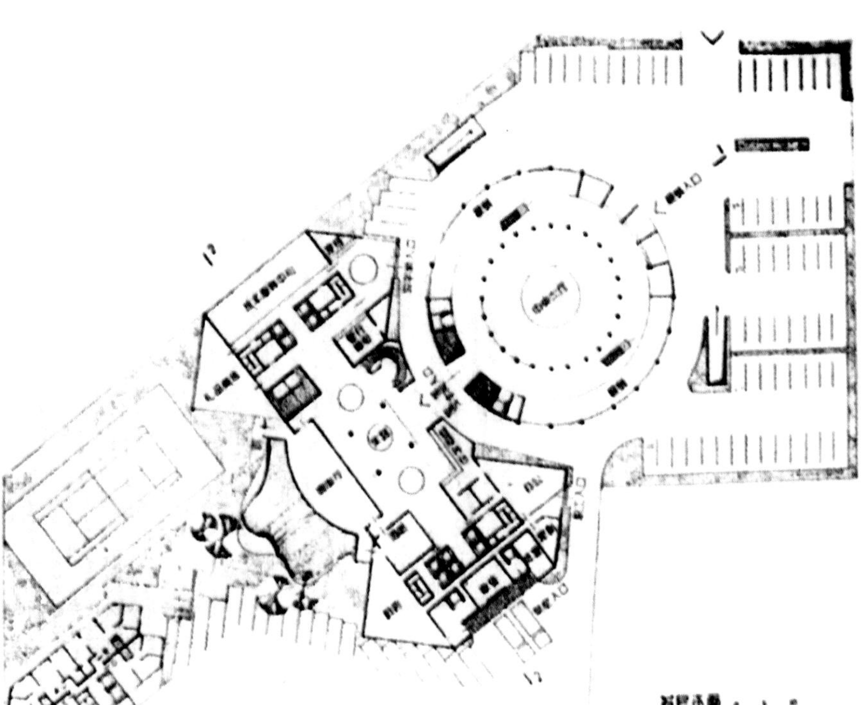

建筑平面图

（十七）埃及亚历山大图书馆国际竞赛方案

一九八六年，张人琦、朱家景、李承德、朱小地协作设计

设计亮点：入口置希腊爱奥尼克柱式门廊，顶部为金字塔形电梯机房，象征的古老历史文化，平面按功能流程合理安排。但最终方案未能及时寄达而落选。

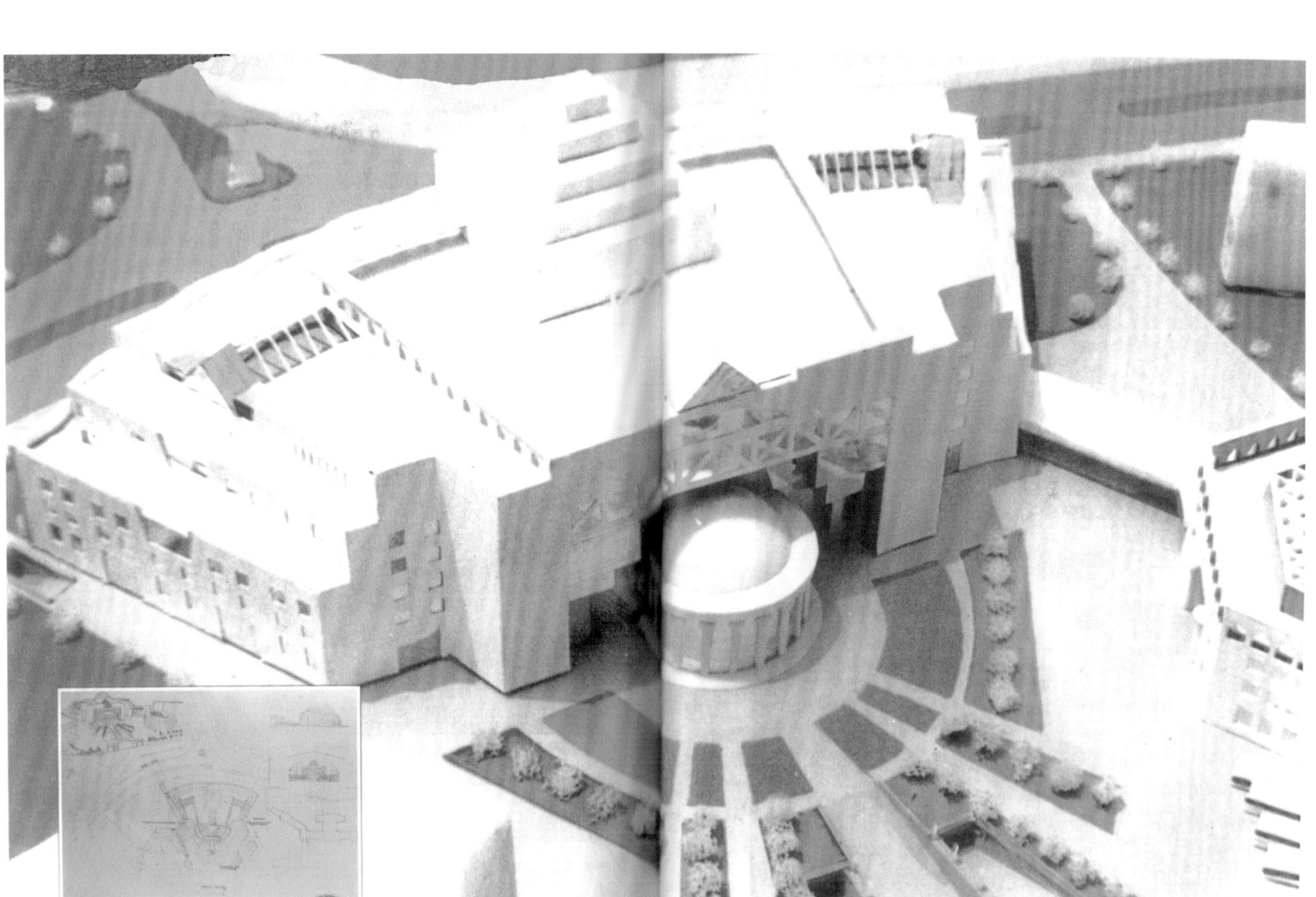

（十八）九江师范学校大门

一九八六年，李华协作设计

本项目的形象特点在于大门上部为圆环形，可直视晨曦晚霞和夜空繁星点点，象征师范教育事业辉煌，为普及全民教育而培养师资人才。

大门外观

（十九）九江同文中学实验楼及小礼堂

一九八六年，文跃光协作设计，九江市设计院完成施工图

实验楼位于主楼东侧，由下往上为化学、生物、物理、电脑实验室。房间窗户朝北，以避免阳光直射造成的不良影响。西侧底层为小礼堂，上层为展览厅，接近主楼及其他教学楼。东侧为教员休息室，接近教师住宅。西北角与东南角各有一处疏散梯。东南角之顶层置有铜钟，敲响铜钟，可为上下课信号。南侧为空廊，组成绿化内院，可供师生课间休息活动使用，并可增加层次，丰富形象。

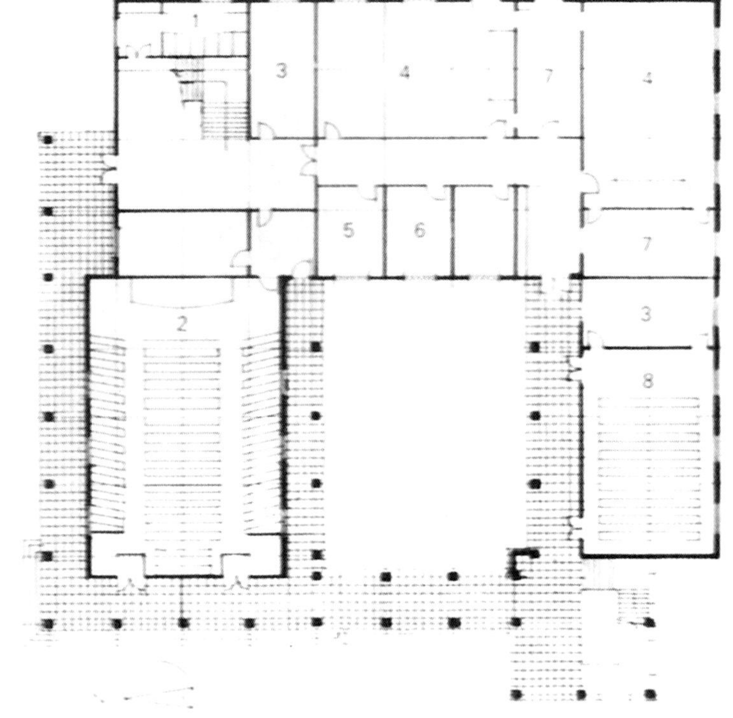

首层平面图

项目设计图

项目实景图

（二十）同文南大门（校园主入口）

一九八六年，全国红协助设计，九江市城市规划院完成施工图

大门三间四柱，明间较宽，可供车辆出入，两侧较窄，供人员出入；采用爱奥尼克柱式，与原学校环境协调，三角形山花中部提高，山花上镌刻同文校名（现镌刻名为九江二中），内侧则为励儒女校名，两侧翼契合表明同文系原两校合并。

同文南大门外观

（廿一）方庄居住区之芳古园小区规划设计

一九八七年，马宗述、李承德完成施工图

小区位于北京市城外东南，东临主要干道，南临次要干道。小区入口选在南边，东西临街为商店，西北角为三栋大面积住宅楼，其他均为普通住宅商品楼。

项目实景图

（廿二）北京消防中心

一九八七年，马宗述、姜维完成施工图

北京消防中心位于二环路东北角，东端为瞭望塔，东边上层为消防信息室、指挥室及办公室，中部为工作人员及消防员宿舍，东部为消防车库。人车由西边道路出入。

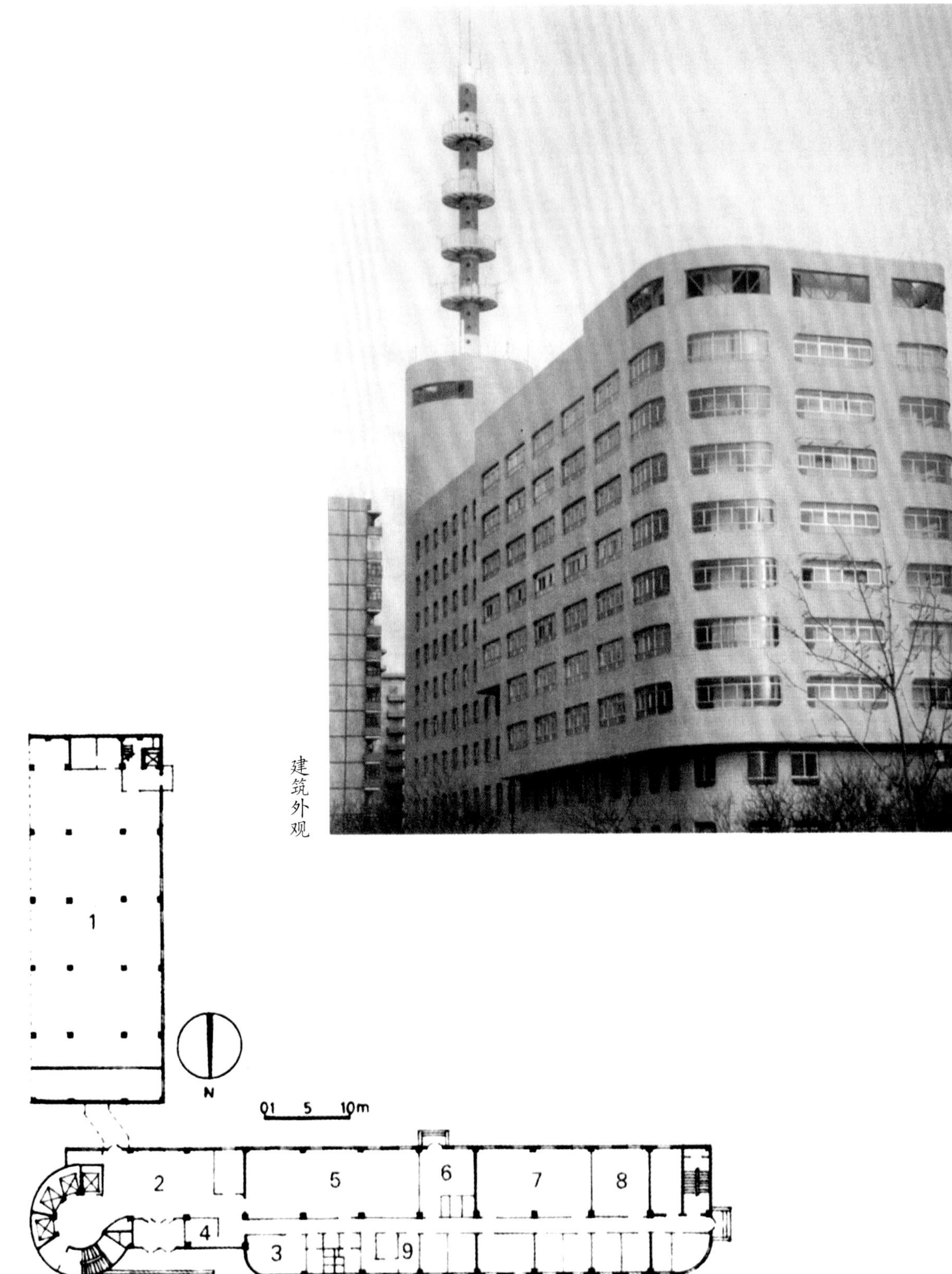

建筑外观

首层平面图

（廿三）某住宅方案

一九八七年，孙兵协作设计

住宅北部为楼梯、厨房、卫生间，南边厅室可自由分隔。

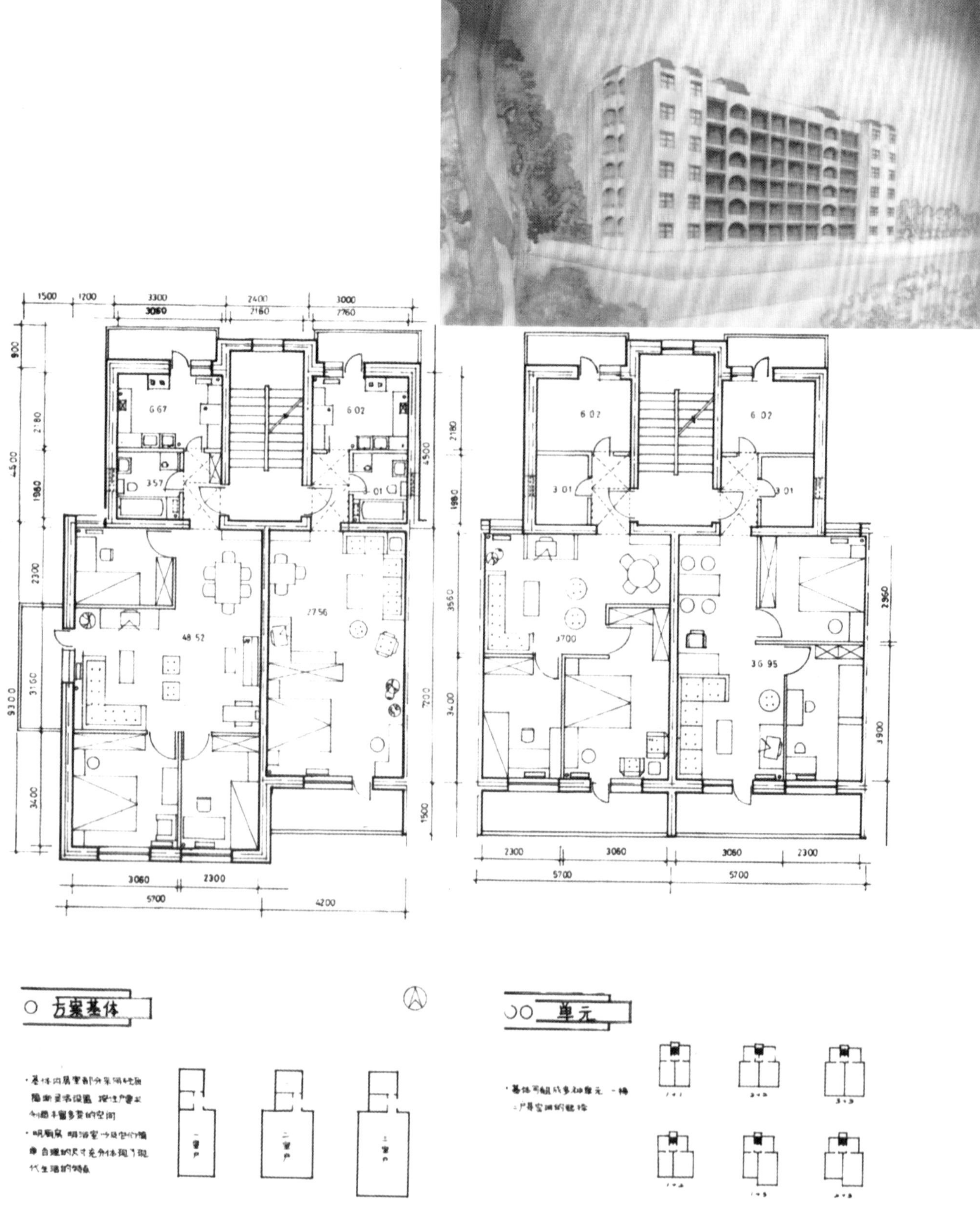

建筑设计图（组图）

（廿四）同文教学楼

一九八七年，文跃光协助

课间休息时间，学生很多且集中，因而廊道必须足够宽敞，方可供学生课间活动使用。必须特殊处理之难题是卫生间气味太重，难以排出。为此将其置于楼梯外侧，而非直接通向走廊，可减弱气味影响。

外墙与旧楼一样，青砖灰瓦，融于学校大环境。

建筑外观

（廿五）海关大楼

一九八八年，马宗述、姜维完成施工图

海关大楼由海关总部及北京海关两部分组成。上部两座塔楼联合组成巨大门框，象征国家大门。中间裙房为申办大厅，顶层电梯机房的中式屋顶与东便门城楼协调。多年后，业主为扩大使用空间，将门洞以玻璃幕墙填满，减弱了形象的象征性。

建筑外观

（廿六）亚运会光彩体育馆

一九八九年，段又中、章扬完成施工图。题解：由民营企业出资的公益事业皆冠以『光彩』

这是一座有三千个观众席的场馆。为保证观赏赛事的视觉质量，又要遵照结构简化的原则，所以跨度较大的矩形平面最合理。利用入口休息厅的造型构成飞扬奋发的形象，既符合体育建筑的内涵，又象征光彩事业蒸蒸日上。

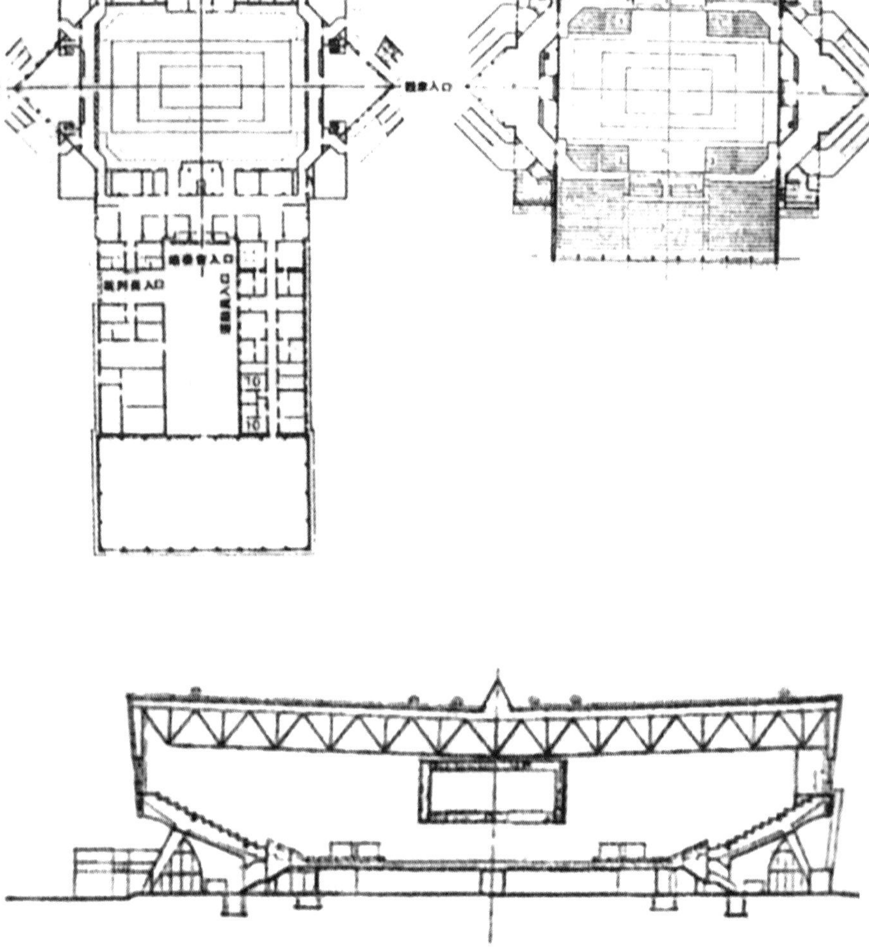

建筑设计图（组图）

（廿七）中商大厦

一九九二年，李华完成施工图

中商大厦地处展览馆南路西侧，因用地狭窄，高楼上部设计成阶梯形，以免遮挡北边房屋的阳光。大楼坐西朝东，为避免阳光直射，故外窗皆设计成窄细条形，形成近年来很少见的大片实墙大型建筑。

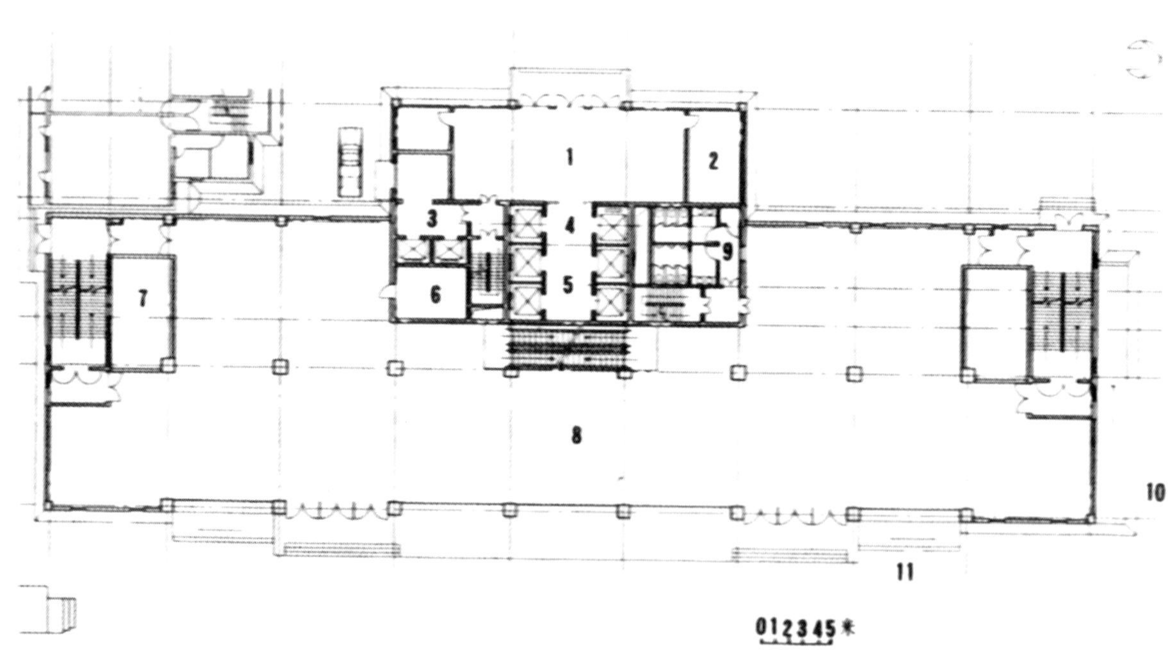

建筑设计图（组图）

（廿八）北京大学新建图书馆方案及比较方案

一九九三年，李承德协助设计

北京大学新建图书馆位于学校中轴线尽端，坐北朝南，平面为『工』字形。前楼中间为门厅，设有储衣物处，两边是报刊阅览室。从门厅经自动转闸进入后部大厅，迎面为图书出纳柜台，两边为图书阅览室，由电梯可上至各层阅览室。北京大学校园乃燕京大学原址，一九五二年院校调整，新北京大学迁至北京西郊燕京大学校址。原校舍均仿照中国传统建筑建造。新中国新北大的新建筑应为新时代、划时代的标志，不宜依旧仿古，余从功能和环境考虑，认为建筑不宜太高，以四至五层为主，再加上顶部电梯机房，总高约35米比较合适。正面为玻璃幕墙，向内凹进，似中国建筑的大屋顶，外设弧度，似西式的柱廊，体现中西融合、『兼容并包』（蔡元培校长治校原则）的北大办学精神。柱廊上部墙面可作雕像，纪念北大前辈知名教授和专家，或中外历史上的著名学者。柱廊和凹形玻璃幕墙前之空间，可供出入馆前、师生交往之用，同时增加建筑的层次，与传统的垂花门相似，丰富建筑形象。这又是一个超前的原创，可惜最终实施的是传统的大屋顶建筑。

主要方案

第二方案

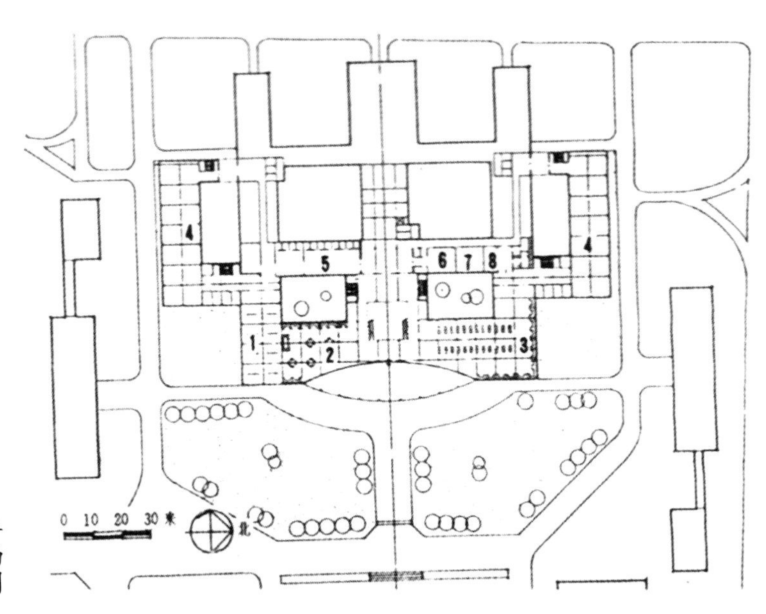

平面图

（廿九）国家自然科学基金会综合楼方案

一九九三年

中间朝东为入口大厅及小礼堂，南侧为办公楼，北侧为职工宿舍及旅馆，后者可供外地来京申请基金的人员暂住。南侧与北侧有架空廊连接。

后因经费不足，方案并未实施。

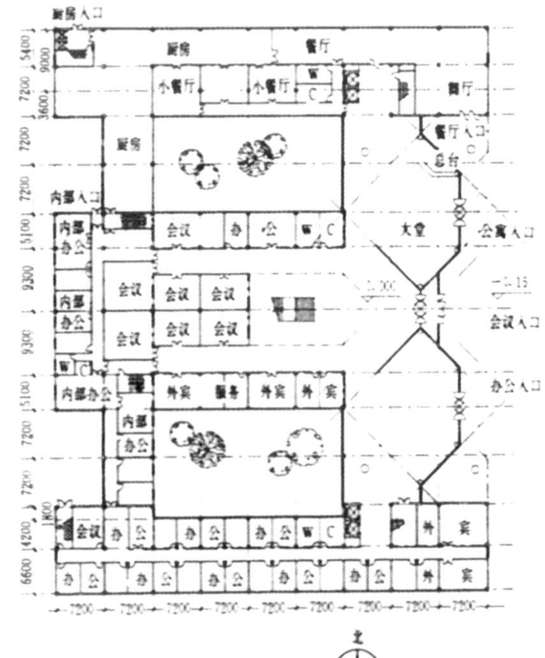

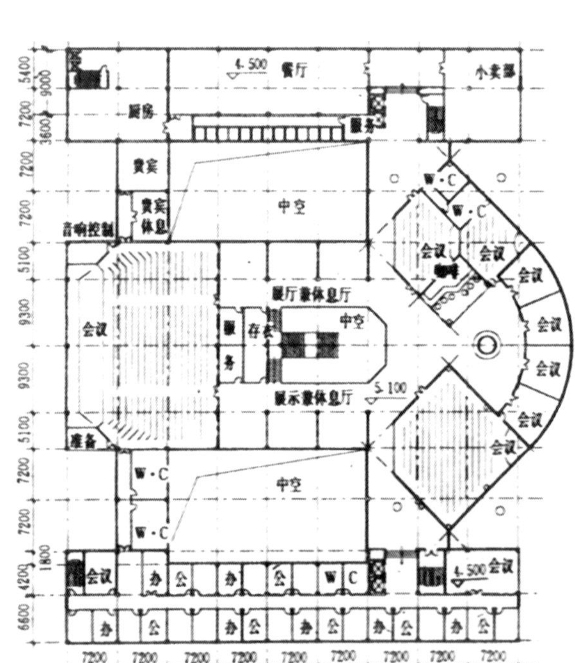

建筑设计图（组图）

（三十）中国银行新楼

一九九四年，冯国梁协作设计

中国银行新楼位于西长安街南侧，建筑坐南朝北。余的两个方案，一偏向承传，二偏向创新。后用地改到西单十字路口西北角。项目改由贝聿铭大师设计。

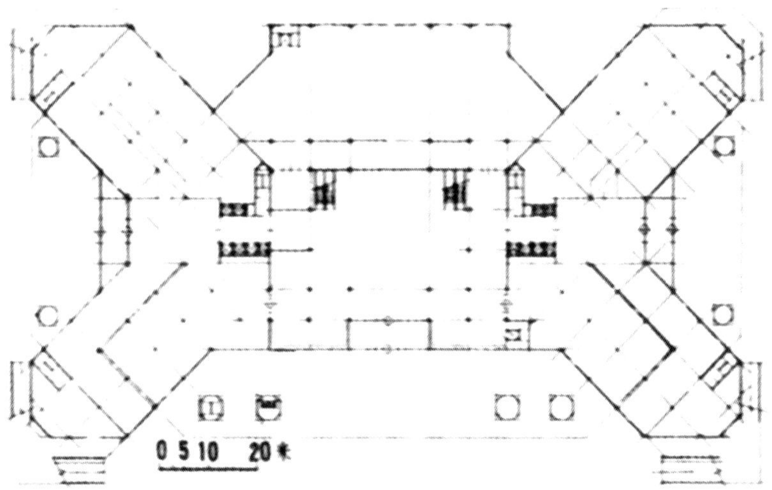

第一方案

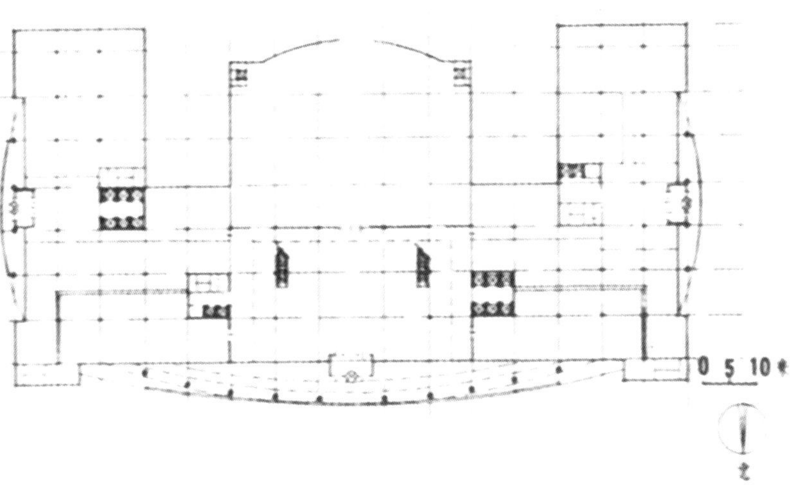

第二方案

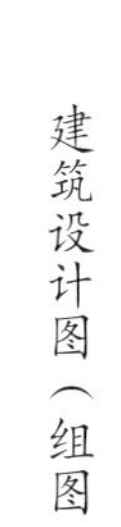

建筑设计图（组图）

（卅一）济南中国银行及比较方案

一九九四年，曾威完成施工图

项目选址于城市中心主要干道上，建筑体型为新创，中间部分为正方形，两侧以半圆相抱，恰似捆绑火箭的模样。电梯间置于正中间，四周均为使用面积。地下室为仓库，地上一、二层为银行营业厅。这些紧紧地契合为整体，形似火箭，象征银行业务蒸蒸日上。第三层为银行公共服务区域，包括餐厅等。两边半圆形架空部分可供银行职工休憩活动，以利身体健康。建成后，该建筑成为市中心地标。

诗曰：

火箭捆绑入天云，
曲线柔和直线纯。
简练体型重原创，
内容形式融化新。

丙子（一九九六年）于北京 文洛

建筑外观

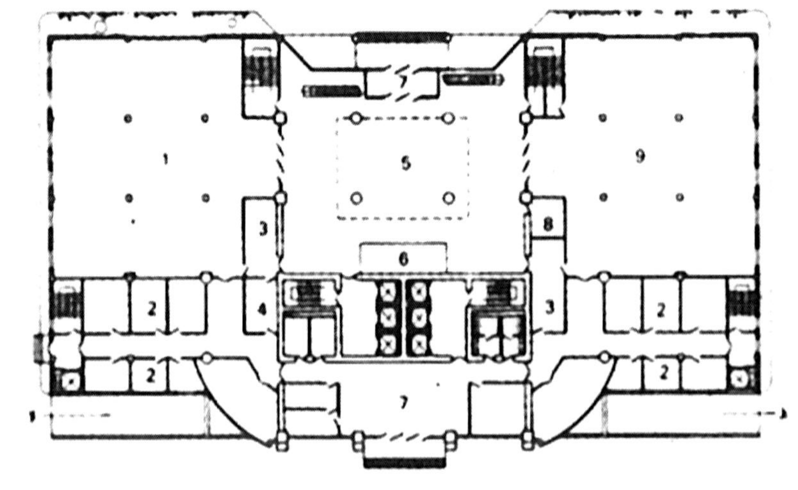

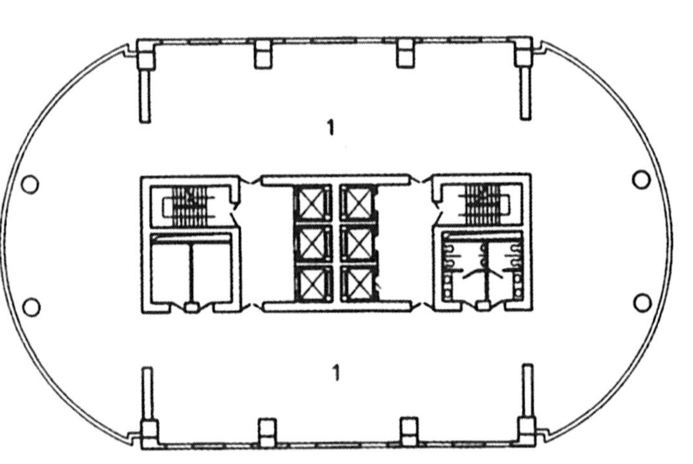

各平面图（组图）

（卅二）北京西单广场方案

一九九五年，由扬协作设计

北京西单广场原为运动场并有看台，为便于商业街人群疏散休憩，故规划改为广场。人们可由西单北街地下商场直通广场地下咖啡店、茶馆，以消除逛商业街之疲劳，之后可继续由地下通道前往地铁站，亦可乘滚梯或拾级而上至地面广场。地面上设有座椅，无地下室之部分种植阔叶乔木。北京春季风沙大，此广场可挡风沙，可遮阳光，刮风下雨、冬季降雪，乔木亦可调解不良环境。反观之，若采用大片草地，为避免践踏，就会减少人们活动地面，冬季枯干，难遮地面尘 沙。广场南向长安街入口矗立原西单牌楼，其为地标，亦可为后人提示『西单』名称之由来。此方案已由首都建筑艺术委员会审议通过，但不知何故实施之广场竟为大片草地，然而经数年考验终于去草种树。

规划种树之广场

广场环境

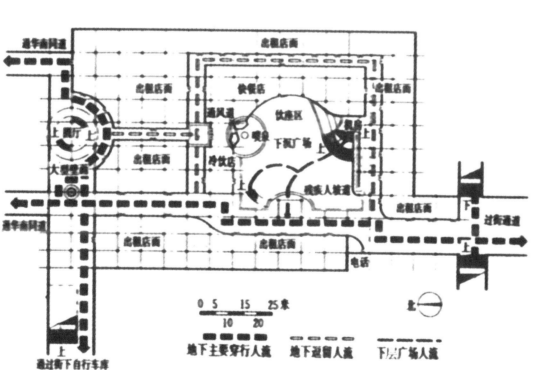

西单广场地下平面图

实施后的草坪广场

重新植树的现场

（卅三）鸿高公司写字楼方案之一

一九九五年，张俭绘图

写字楼坐南朝北，面临城市干道，平面为正方形，地下室为停车库及货库。一、二、三层为商场餐饮层，以上为写字楼，下部实墙开窗，最上几层为格式塔，四个立面一样。整体造型典雅清新，体现中国传统精神。

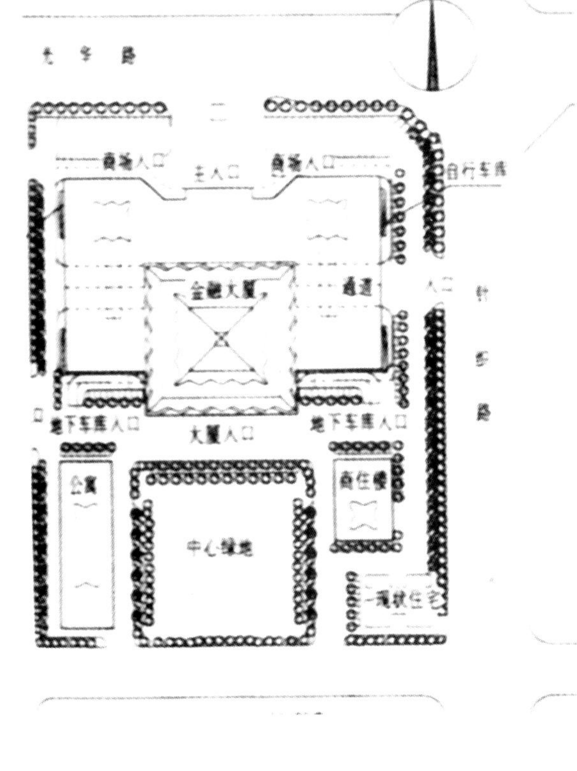

项目总平面图

建筑设计图

（卅四）鸿高公司写字楼方案之二

一九九五年，张俭绘图

方案二的功能与第一方案相同，体型神似嵩岳寺塔，上半部逐步退缩呈曲线上升。正面为现代玻璃幕墙，侧面为传统式样，虚实对比，阴阳共济，体现中国传统建筑特色。

两个方案均系原创。开发商极为满意，拟于东城、西城各建一栋。但该公司上市未成，未能实施。

此方案由首都建筑艺术委员会审议通过，获清华大学彭培根教授称赞。

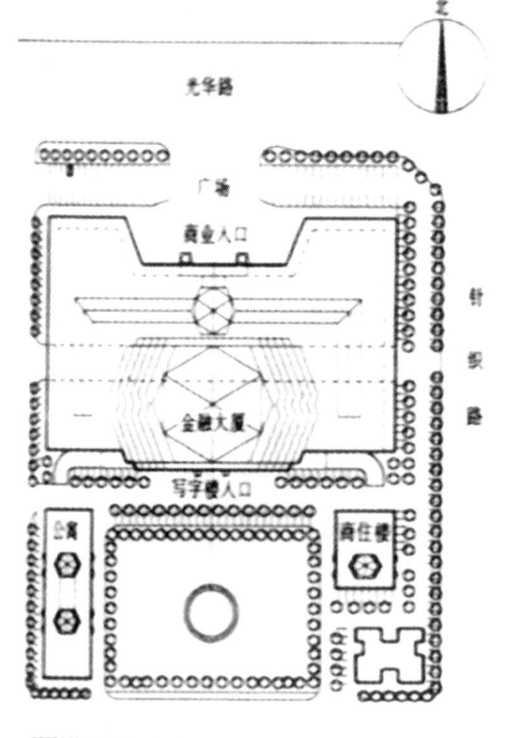

项目总平面图

建筑设计图

（卅五）鸿高居住小区

王海协作设计

小区南临城市干道，东边为次要干道，北边城市绿地之外为铁道，西面为相邻小区之小道。用地当中为过去烧砖挖土的大坑，深4~5米。方案将几栋塔楼住宅围绕大坑对称布置，呈如意形，即利用大坑作下沉绿地美化小区景观。西边的平实土地可建设第一期的四层住宅，出售资金用于开发高层。北边沿小区边界建板式高层住宅，遮挡火车的巨大噪声和冬季北风，东南西三面皆可供居民出入以及消防车快速进入。地下两层为车库，小轿车由小区内之外环路进入地下车道。地面为人行道，人车分道，安全自由。

此方案不仅因地制宜，周到地考虑了环境特点，而且还兼顾分期建设，便于开发商周转资金。可惜鸿高公司上市未成，资金不足，此项目未能实现。

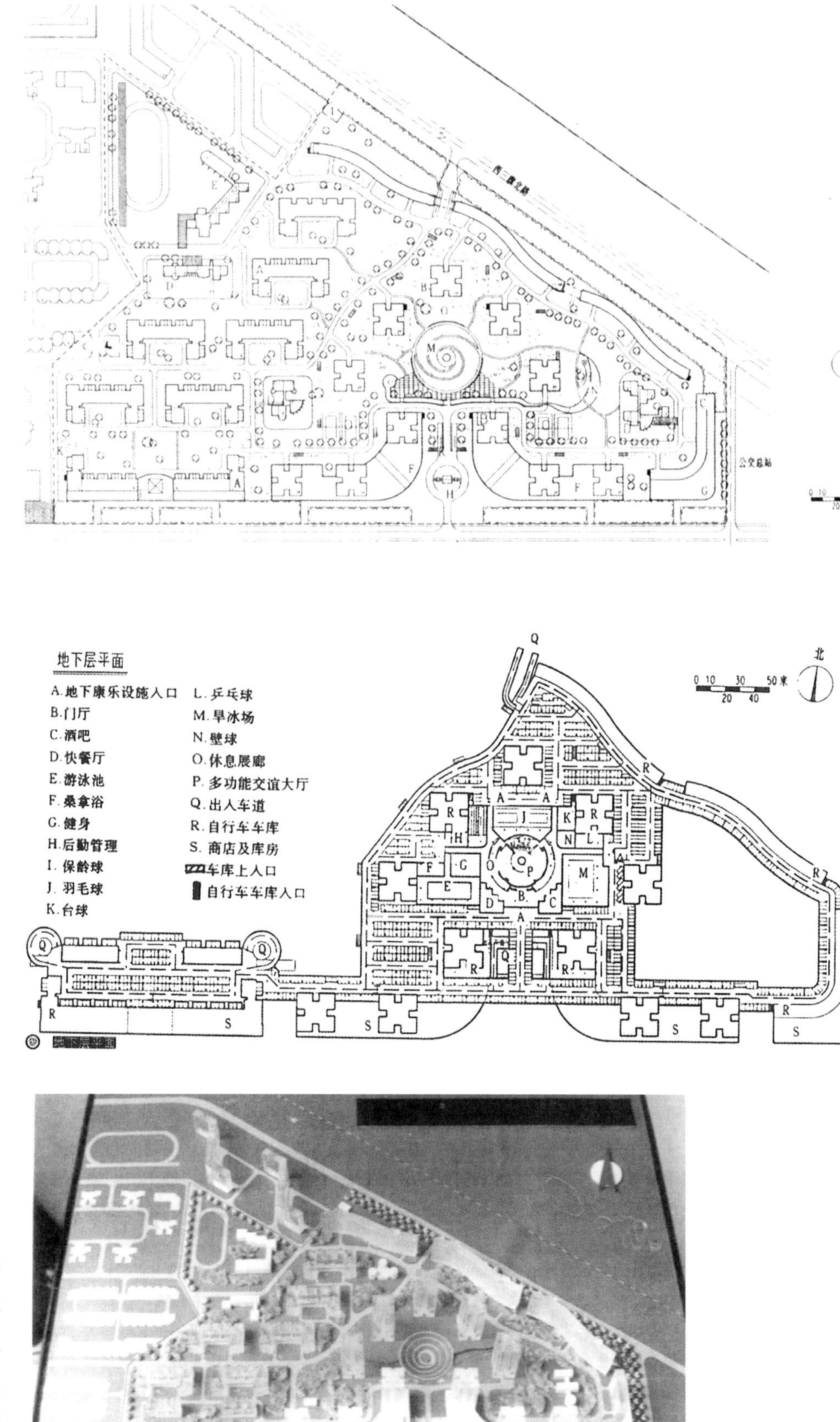

建筑设计各图纸（组图）

（卅六）望京高层公寓小区

一九九六年，文跃光、党辉军完成施工图

此小区位于北京西北望京新区中心偏西。用地东西稍窄，南北较长，沿东边与中心商业区分隔的区内环道布置三栋朝东南方向的拐尺形高层公寓，西边三栋亦朝东南，但拐尺反向，全部住户都可享受良好的日照和通风。

最突出的创造是小区内部有多处地下通道，可供机动车通行。机动车可由小区入口处驶入，方便驾车居民直接进入单元入口。救护车同样可直达电梯间。小区地上道路及绿地可供居民自由通行，也可供老人与儿童散步、休闲、游玩。这是国内甚至全世界为居民安排的保证安全、非常方便的地面地下人车分行的道路创举，深为居民欢迎并被同行赞赏。

匠心

望京位于京西北，
规划总图预筹谋。
人车分流地上下，
通风日照条件周。
组团住宅生态好，
公寓小区环境优。
邻舍交娱甚方便，
和谐同乐宜居留。

庚寅夏　文洛

建筑效果图

（卅七）世纪坛竞赛方案

一九九八年，侯芳协作设计

即将进入二十一世纪之际，北京市政协某委员倡议建设新世纪标志性建筑，获各方赞同，于是举办设计竞赛，项目选址于军事博物馆与中央电视台之间的街心花园。余之方案创意为『过去、现在、未来』，首先将街心花园两侧人行道及行道树纳入，狭窄的园地令人感觉较宽敞。主要入口在南边，面对西长安街。第一部分『过去』以『巨石』表现洪荒时代。第二部分『现在』以『三角形凯旋门』表现进入现代，与一切旧势力战斗并凯旋，人类由上升坡道走向更高级的未来。最高平台上巨大的玻璃圆球在阳光下或夜间灯光下，反射辉煌灿烂的光彩，象征光明前程。环绕玻璃大圆球的宽阔平台可供群众聚会、歌唱、跳舞，迎接新世纪到来。斜坡及平台下空间较低处又可存车，较高处则可供休憩饮茶，或作为后台、休息室及化妆室等。平台跨过下面的道路成为主体交通桥，不碍交通。坛后即为玉渊潭公园的主要入口。

评委经审评，全体一致同意选中余之方案为第一名方案并计划实施。但后来一位领导指定必须做成日晷式，日晷还需旋转，这让余感觉完全违反常识。余的原创方案又一次被扼杀。

设计方案

设计方案图（组图）

（卅八）运河苑宾馆方案

二〇〇一年

方案选址于北京通州大运河之滨。为避免影响运河景观，项目不做高层，四百间客房分置四翼。建筑坐北朝南，大部分客房有较好的阳光并从不同角度享受大运河的壮丽风光。

可惜方案又因个体经济开发商资金不足而未能实施。

建筑设计图

（卅九）工体大厦方案

二〇〇二年

建于一九五九年的北京工人体育场入口广场和停车广场外以前全是绿地，至今却面貌全非，建满一至二层的房屋，有国安俱乐部的办公室，有多种商店、餐厅，原有绿地大都被毁。场方拟建体育研究所，已无插足之地，向余讨主意。回想当年陪同恩师梁思成教授参观工体，梁公指出，很好的体育公园，舒展的体育场、偌大的空间需要有栋摩天楼来构成均衡的空间，且远远看见高塔楼即知工体就在眼前，形成地标。按梁公早年的启发，要改善目前房屋杂乱、绿地被毁的状况，唯有建高楼，以便将杂乱的房屋全部拆除，将各种商店餐馆尽皆纳入高楼裙房，各方之办公、管理用房及新筹建之体育研究所则可置于视野开阔的高层塔楼，恢复绿地，重现往年的美丽风光；并开发两层地下停车场，以免再陷入大型活动车辆停满街道；一直延伸到东头的农展馆，既影响交通，又难为车主的窘境。经余分析论述，场方主管喜笑颜开，全心同意。

北京工人体育场乃一九五九年国庆工程之一，曾举办第一届全国运动大会、亚运会开幕式及闭幕式、奥运会足球决赛以及国内外多种联赛及巡回赛，是深受市民喜爱的重要场地。北京工人体育场必须有相称的精彩作品相配，树立灿烂夺目的地标。朝思暮想，深思熟虑，灵感迸发，美妙的形象破土茁长。多棱塔楼，不同角度的多面玻璃幕墙，反映周围环境景色：蓝天、白云，晨曦、晚霞，旭日初升，残月徐降，繁星点点，细雨蒙蒙，春雨润绿，秋风落红，人影憧憧，车行匆匆，四季风光变化无穷，美不胜收。此辉煌原创作品方案为高180米的塔楼置于工体场东北角，面向城市主干道，必为城市增色。北京城市规划委员会某位副主任对此十分赞誉：此必将成为又一处众人关注的首都地标。主管城建的副市长大表赞同。市公安局局长亲临现场调查，确认方案无碍体育场重大活动之安全。

正当体育场主管及余欣喜之际，方案不幸又遭新任的某位权威领导否决，理由是体育公园不得增加建筑，以免破坏绿地。其指示在原则上绝对正确，然而其并未至现场调查，不知绿地早已被众多杂乱的低层房屋毁坏无余。建高楼正为将商店、餐馆等集中于新楼底层，以便拆除全部乱建之房屋，恢复绿地。新建地下停车场，更可增加绿地。

嗟呼，余呕心沥血，殚精竭虑，美妙的原创作品再一次惨遭扼杀。情何以堪，唯唏嘘而已，而已，而已。

吊工体大厦创作方案

创意构思三月功，
指令忽下一言冲。
晶花恰似神来笔，
可惜无端竟命终。

癸未秋（二〇〇三年）
文洛于北京

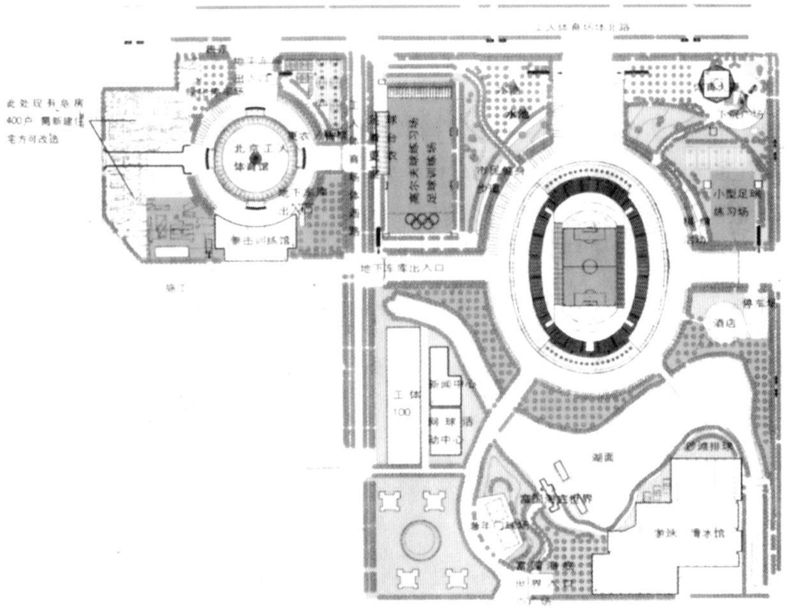

一九五九年工体园地

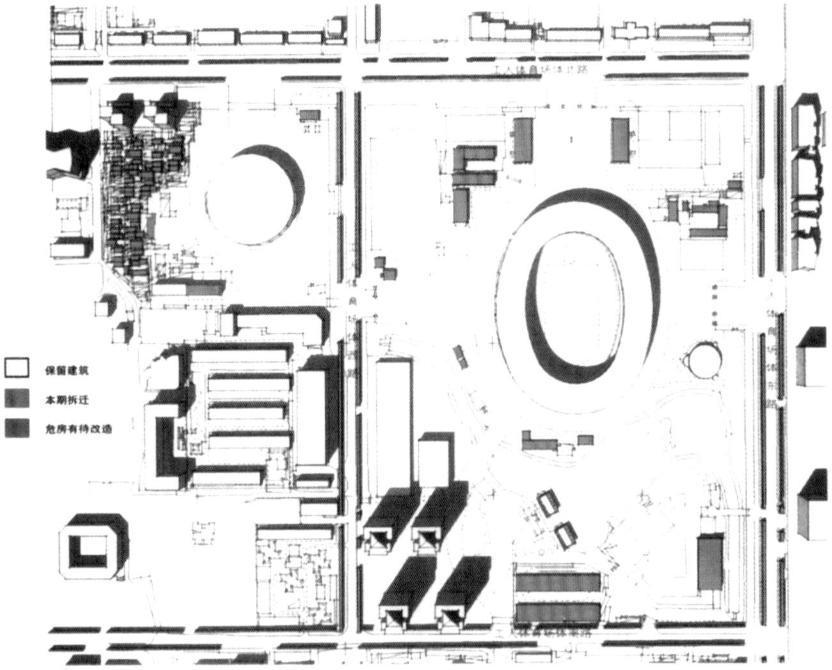

二〇〇一年状况（红色为杂乱平房）

建筑设计图

游泳馆改造方案

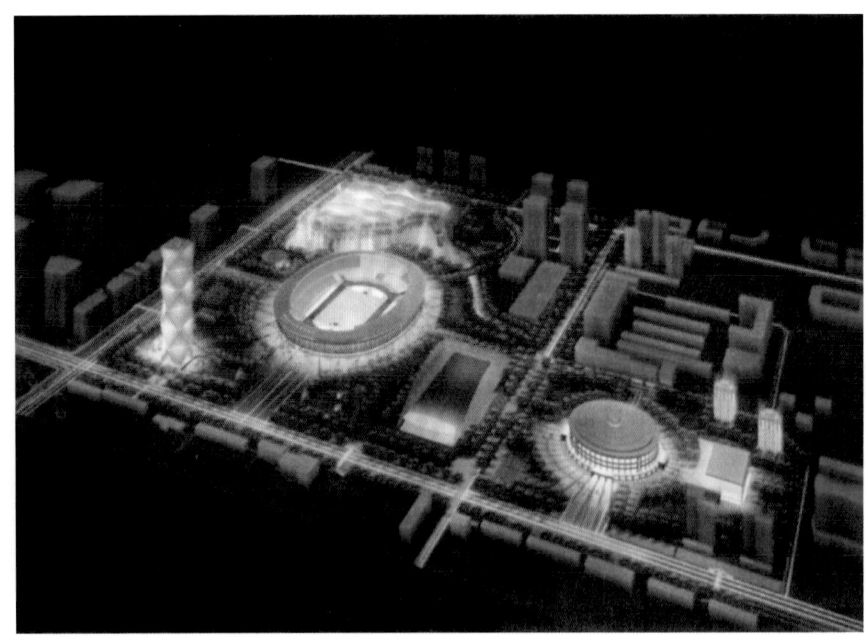

模拟夜景

建筑模型

（四十）丰城市剑声中学新校园及校舍

二〇〇九年

二〇〇九年，丰城市人民政府邀余规划设计一所学校校舍，余建议恢复剑声中学校名。剑声中学系余父熊恢早年创办，后迁至南昌市。日寇入侵时，剑声中学南迁，一九四五年秋迁回南昌，最盛时学生达两万人，分含初中部、高中部、师范部、职业部。一九四九年，剑声中学与南昌市其他私立中学合并为南昌二中。获领导赞同，该校选址在一片丘陵之旁土质不宜种植之地，而且用地较宽敞，总平面划分为三区：中部为公共区，右边为教学区，左边为宿舍区。教师住宅在用地之外左边的居住小区。在校园周边及三区之间种植乔木。校园主要入口面向城市干道，由入口进入绿茵广场，三面建筑围合，中间是大礼堂，左侧为办公楼，右侧布置图书馆，礼堂后边为运动场。教学区设置校园次要入口，面对城市次要干道。三栋教学楼沿边排列，中楼稍后退，亦构成入口广场。全部建筑青砖灰瓦，部分粉墙，承传江南建筑风格。第一期工程已建成并开学上课。公共部分为第二期工程，稍后建设。

全部工程设计由宓宁工作室完成。宓宁是清华大学建筑学院并余共同指导的硕士研究生，已工作多年，经验丰富，规划设计合理周到，丰城市政府与市民极为满意。

咏重建剑声中学新校苑

生态校园似仙境，
建筑格局见深情。
师生喜爱身心健，
义务教育添实名。
剑光正气勤修功，
声誉远扬朴实风。
中华美德洁慎独，
学文习武毅勇宏。

（注：诗中后四句之第五字连在一起为『勤朴洁毅』，系原剑声中学校训）

贺丰城市重建剑声中学

乙丑夏

原剑声中学创办人余父熊恢

总鸟瞰图

校园效果图（组图）

同文中学礼堂

北京市建筑设计研究院一所协作设计

同文中学礼堂早年为典型的基督教堂，最有特色的是两边巨大的玻璃窗，窗上展现彩色玻璃镶嵌的宗教故事，较国内外教堂玻璃窗一般标志性的图案有更多内涵。该教堂早已坍塌。后建的简易礼堂年数不多，即因不安全拆除重建。因该校一九四九年前学生数仅二百多，如今已近二万，故已经没有空地可供建房，故而在设计新礼堂时，唯有充分利用空间，在礼堂之上设置体育馆，在地下室则安排游泳馆，再下一层为停车场。缘于学校前身是教会学校，历经多年的教学主楼及大多数房屋皆为西式。故新建大礼堂与南大门、图书馆同样均采用西方奥尼克柱式。近于白色的入口处柱廊风格特色明显，与百年名校环境融合。二〇一八年，同文中学一百五十周年校庆时，礼堂建成。校长和全体教师共同决定为其命名为『博雅馆』，并邀余题写馆名，镌刻在门廊山花上。余诚惶诚恐，本当谦让，然少年时期就读同文，沐老师、母校深厚恩情，故多年为之创作。校内南大门、教学楼、实验楼，余均无偿创作方案。至今为礼堂题名，难以推辞，唯有遵命题写，此殊荣将永铭心怀。

设计表现图

已建成并投入使用的『博雅馆』

余庆幸身逢盛世：党团组织启迪培养，入团、入党；学校老师教导，授艺。工作领导信任、重用，前辈帮助，同事协力，青年时期即承担工人体育馆设计，继而又屡被委以重任，并获得各方面授予荣誉，余衷心感恩不尽。

余之建筑创作却命运多舛，或开发商资金不足，或外资自聘名师，或企业迷信名家，或无知者独断，或官僚主义扼杀，或创意超前不被接受。以致优秀原创方案未能实施。如今自当遵循党之教导，不忘初心，力争老有所为，再创新作。

学术论著

城市设计学

1999年第1版，书名为城市设计学——理论框架·应用纲要，此书被多所城市规划建筑院校采用，作为教科书或主要参考书，故予再版，

2010年8月第2版，书名修改为城市设计学——理论框架与应用纲要

序中指出『建筑场』的理论系国内外第一次提出

第一版序

第一版序

城市设计虽然古已有之，但是作为一门现代学科，却是伴随20世纪20年代“现代建筑”而萌生，在第二次世界大战后逐渐发展起来的。国外学者从不同角度，用各异的研究方法，以及各种表达方式阐述城市设计的论文不少；不过系统研究和论述的著作并不多。我国改革开放以来，城市设计也日益受到有关方面的关注，除译著外，还有不少论文相继发表。但是，结合国情，对城市设计进行系统的研究和论述，这本书还是第一部。

熊明同志在建筑设计中追求原创性，在学术研究中同样富有创新意识。在本书中，大自理论体系框架及全书相应结构，小至对环境因素各种影响的考量，对主要内容和指标多层次的剖析，以及对空间构成原理及手法的论述等，无不渗透创造性的见解。特别是由“风水场”推及“建筑场”，并据以研究城市空间尺度更具有开创性。同时本书内容全面，立论有据，逻辑严谨，深入浅出，是一本理论与实用并重的好书。

我深信这项研究成果的出版，将有益于推动我国城市设计工作的普及与提高，有益于将我国快速发展的城乡建设引向有序的、可持续发展的前景。

赵冬日

1998年10月27日

目 录

建筑美学纲要

（2004年10月第1版，2005年再版）此书被多所城市规划建筑院校采用，作为教科书或主要参考书，故予再版

2004年10月第一版

2005年再版

目　录

作者前言

中国建筑文化中心和华中科技大学出版社联合编辑出版《中国建筑名家文库》。拙作忝列其中，深感荣幸。现辑作品论文选和诗词书画选各一集。前者包含本人1956年清华大学研究生毕业论文《文化休息公园规划设计》和在北京市建筑设计研究院工作五十多年来的设计作品与论文。后者含近年来工作之余的诗词书画习作。2004年由清华大学出版社出版的《建筑美学纲要》，2008年由天津大学出版社出版的《文洛诗词吟草》以及近期的设计作品和论文均未收入。

书籍出版之际，编者要我给青年建筑师写几句话，令我不胜惶恐。只有将先师梁公思成当年教导我们那代人的话馈赠。梁公经常说：建筑师应是杂学家，有渊博的学识根底。他本人就是这方面的典范。他是首位用老子哲学诠释建筑的大师，“凿户牖以为室，当其无，有室之用”，以明建筑之义首在空间。梁公除了对城市规划与建筑设计的实践及理论工作，以及对中国古代建筑的大量实地考察与理论研究外，对雕塑也深有研究，曾准备撰写《中国古代雕塑史》；还在清华建筑系先后成立“工艺美术组”和“园林组”。梁公的文学艺术修养更令人望尘莫及，其在学生时代就是清华体育队和交响乐团的骨干成员。建筑是技术与艺术的结合，服务社会生活的各个方面。城市设计和各种建筑设计需要建筑师具多方面的知识与修养。知识的积累和修养的提高，除了深入考察生活外，最重要的途径就是大量读书。古人云“开卷有益”，又云“尽信书不如无书”，即指要具体结合实际情况，解决实际问题。欣逢盛世，科学技术、文学艺术蓬勃发展，相信年轻一代的建筑师必定善于在生活和实践中不断汲取多方面的营养，在宽广的基础上筑成高峰。

最后，本书的问世还要感谢北京市建筑设计研究院（BIAD）领导及各方面的支持，感谢中国建筑文化中心和华中科技大学出版社的支持与努力。

熊明

2009年秋

中国建筑名家文库
中国建筑文化中心 组编
熊明
Collected Works of Xiong Ming
文集
熊
明
著
华中科技大学出版社

1.绪 论

“城市绿化”、“文化休息公园”，这是古代所梦想不到的，但“花园”和各种形式的“园林”则早在五六千年前已有。它们最早是出现在古埃及、巴比伦和印度等古国中（见图1、2、3）。当然，这些“花园”都是帝王和贵族的。古希腊除皇室和贵族的“花园”外，还有两个供市民（自由民）集合竞技的“公园”，这也就是柏拉图和亚里士多德讲学的地方。至中世纪，封建城堡狭小，没有大“花园”，城外也因战争不可能建造“花园”，在混乱中寺院倒较安宁，在较大较好的寺园，中一般都种有果树、蔬菜和药草。文艺复兴时期造园艺术和其他艺技一样，力求从中世纪宗教艺术的统治中解放出来。文艺复兴的先驱意大利——建造了很多别墅庄园（见图 4、5），其后法国、英国、西班牙、俄罗斯（见图6、7、8、9）等国家，也出现了很多各有其独特风格的“花园”，造园艺术丰富繁荣。当然，这些花园仍是统治阶级、上层社会专有，只不过统治集团逐渐扩大而已。

我国园林也有悠久历史。从记载看，殷、周已有园囿。到秦朝时，中国统一为封建大帝国，出现了规模宏大的园林和宫殿结合的宫苑。汉代除皇家园外，地主和富商的私园也很多。汉亡经三国至魏晋南北朝，统一的封建帝国分裂，社会混乱动荡，士大夫逃避现实，寄情山水田园，和山水画一同出现了自然山水园。佛教传入后，佛寺也大都建于风景优美的山林间，是庙宇和园林的结合。隋重新统一中国，经济恢复，财力雄厚，大兴土木建筑宫苑。由唐经五代至宋，造园艺术和其他艺术一样，得到更高发展，但依然是自然山水风格。及至明清，继承了历代造园艺术传统，水平很高，从遗留至今

图1 古埃及园林

图2 巴比伦空中花园

图3 印度园林

序

1953 年夏，清华大学建筑系张守仪教授带领熊明同志来我院商洽实习事。经研究安排熊明在方伯义同志主持的前门饭店设计组参与工作。我们共同研究经济指标，在满足功能要求的前提下采取最经济的框架柱网，在客房净面积 18～20m² 间的前提下，设计了 23 800m²/444 自然间＝53.60m²/间，比规定乙级宾馆的 76m²/间节省了不少。这个成果与发动群众，取百家之长有关。

1956 年清华大学建筑系约我每周去两次辅导研究生。记得该班有两男一女三位研究生，熊明是其中之一。他在构思上从宏观出发考虑了城市设计的主次关系和体型高低的搭配问题，可说得风气之先，而在个体设计的微观处理也是十分周到、细腻，在建筑艺术处理上从绘画、雕刻、音乐等方面更作深入浅出的论证、引申，使艺术与技术取得有机的联系，造型上考虑到各个角度移步换景的美感，并重视构成总体的细部。使我感到他的才华在出山之前已相当扎实。

熊明分到我院工作是双方的幸事。当时我院相当于国家级设计院是市委和市政府直接关心下的设计集团，急需人才。每年约 500 万 m² 的任务可说 3/5 落在我院身上。实践是检验真理的唯一标准，有了大量实践的机会，加上年富力强、事业心强，干劲十足的青年志士，自然成长很快。确似如鱼得水，得以大展宏图，是时事造英雄。熊明是其中杰出的代表。

这本书辑录了熊明的 19 篇文章和 27 项设计作品。文章都在报刊上或会议上发表过；作品部分已建成，部分是方案。文章和作品都是按时间顺序编排的，是作者从 1958 年到 1994 年，30 多年心血的结晶。

文章按内容可以分为三大类：建筑基本理论，建筑作品评论和建筑工程设计总结。三类文章，各有侧重，又互相渗透，成为相互联系，相互补充的有机整体。

属于建筑基本理论著述的有《关于建筑创作的若干问题》、《建筑的本质及美学特性》、《建筑创作与时代精神》、《形象、个性与理性》。这几篇文章以唯物主义辨证法的立场、观点和方法论述建筑的本质、建筑的特殊矛盾、矛盾的主要方面、在不同条件下矛盾双方的转化、建筑创作的内容与形式、建筑的美学特性等一系列范畴。

"生活空间和艺术形象这对矛盾标志出建筑区别于其他事物的本质特征"。"生活空间一般总是矛盾的主要方面。可是在不同条件下，矛盾双方力量的对比会发生变化，有时是根本的变化，艺术形象转化为矛盾的主要方面。这就是建筑种类非常多，由类似机器到接近纯艺术的内在原因，也是人们可以对各种建筑提出不同程度的审美要求的内在根据"。这种对建筑矛盾特殊性的具有独创性的表述，抓住了建筑创作问题的根本。从这点出发，探讨建筑的问题就不难迎刃而解。

建筑创作与时代精神

两院院士吴良镛教授题写书名

目 錄

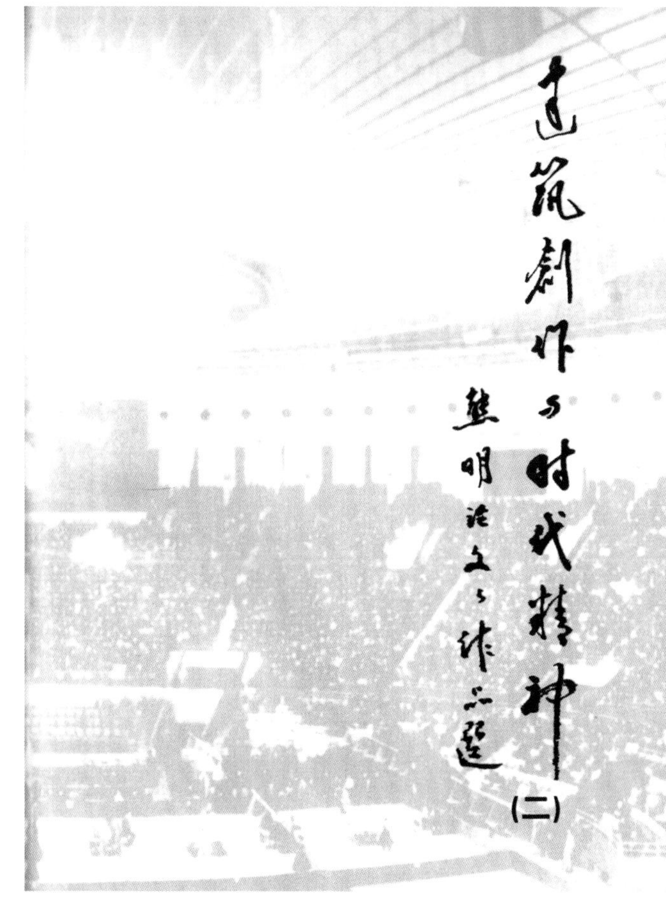

建筑创作与时代精神（二）

两院院士吴良镛教授题写书名

此学术专著系北京工人体育馆、首都体育馆设计总结及当时国内几个大城市体育馆调查研究，书中还引述来国外各体育馆之创作成果

大型体育比赛馆设计研究

第一章　用地及总图

一、位置

大型体育馆及其附属设施，特别是停车场和疏散用地所需面积很大。如果布置在人口密集、公共设施齐全的城区，往往因占地过大而增加城市建设投资，或者用地被不合理地压缩，不能保证正常的功能需要，所以通常都要安排在郊区。殊不知这就造成单面人流过分集中的现象，给城市交通带来很大困难，严重地延长疏散大量人流的时间。比较合理的是布置在城区边缘地带，疏散时有一部分近处的观众可以步行，其他观众分散在各条公共交通线路上，可以比较顺畅和迅速疏散完毕。

北京城市规划总图把旧城边沿（新城区范围以内）一些过去破坏，不宜大量建筑的地段划为绿地。北京工人体育场建筑群就布置在这种绿地中。非常合宜，不仅解决了上述矛盾，而且体育场和大片绿地结合，既有利于运动员的健康，又为观众提供了最良好的自然环境。虽然不良的地基可能影响建筑投资增加，但建筑密度远小于居住区，相形之下所费无几。

这组建筑群中的体育馆原定规模为4000座，布置在体育场的西北角（见图1-1）。后来要在此进行第26届世界乒乓球锦标赛，规模扩大到15000座，原定地点当然太小，需要在已建成的主体运动场和游泳场附近另选新址。

按照城市规划，体育场东、南、北三面都是住宅区（而且东、北两面已有永久性建筑），只有西边可供体育公园发展。在此前提下考虑过两个方案。

方案一（见图1-2）：体育馆布置在主体运动场正西中轴线上。优点是构图明确严整。

缺点是：1. 北面距街道太远，体育馆体量本来就比主体运动场小，退入红线太深会显得更小；2. 市政设施干线都在北面街道下，距路太远，引入线不经济3. 体育馆前后都难以安置其他建筑物，用地不经济，而且限制今后的发展；4. 目前需要拆除大量住宅。

方案二（见图1-3）：体育馆布置在主体运动场的西北角，成犄角之势。

优点是：1. 布局生动活泼，更符合体育公园的性质；2. 目前不需拆房；3. 体育馆南面将来还可以布置其他建筑，用地经济，并为发展留下余地。

此文系国家计划委员会勘察设计司委托，经多方调查研究之创作成果。清华大学建筑系研究生严少华协作

建筑创作与时代精神（一）　论文选

12. 中低档旅馆标准及功能构成的研究

在以往的几年中，国外客人对我国旅馆的意见集中表现在：一方面，普通级旅馆太少；另一方面，多数现有的普通级旅馆的设备和服务水平又太差。在“七五”计划中，根据国家计委的统计资料，全国十五个旅游热点城市拟建共达十万多个床位的一百多个旅馆，其中属于一级旅馆建筑标准的，按床位计竟占50.2%，这对于我国国际旅游业的发展将产生不利作用。今后，在相当长的时期内，发展中低档旅馆建设是旅游业的兴旺发达所需。

即使从旅馆本身的角度出发，发展中低档旅馆建设也是非常有益的。首先，中低档旅馆的建设可以大量地采用国产材料和设备，从而节省外汇投资；并且可以充分利用城市现有设施，简化其功能结构——削减一些功能项目及其规模，从而可以大大地降低建设投资。其次，中低档旅馆的客源市场极其广泛、潜力极大，可以保证客房的出租率。而且由于其标准较接近国内公务（会议和专业合作等）的消费水平，中低档旅馆的客房出租率在旅游淡季中也会有一定的保证。因而，中低档旅馆的客房出租率不仅较高，而且较稳定。同样，餐厅和商店等旅馆公共功能设施由于可接待当地人，也会有较高的营业收入。显然，中低档旅馆既便于建造，也利于经营。

此外，中低档旅馆的发展还有益于城市的社会环境。因为中低档旅馆与其环境社会消费水平的接近，促进旅馆功能的社会化。这种社会化，一方面通过借用城市现有设施，刺激城市经济的发展；另一方面通过为城市或其社会环境提供功能服务，方便群众，丰富城市生活，增加城市活力。

总之，重点发展中低档旅馆的建设，对我国旅游业的繁荣、旅馆的建造与经营以及城市的社会环境都是有益的。

一、中低档旅馆的标准问题

中低档旅馆的最低标准应能满足国外客人对旅馆功能的最基本要求。具体地讲，客房应设有卫生间、应具有一定的私密性和舒适性；餐厅（无论在馆内，还是在馆外）应能满足客人的饮食要求，使他们感到较方便。否则旅馆就没有具备最基本的档次标准，应称为档外旅馆。如目前我国大量的社会旅馆均属档外旅馆。

中低档旅馆相对于高档旅馆标准的降低，不仅在于客房本身标准的降低（包括卫生洁具、家具、装修和面积等方面），而且更重要的在于旅馆功能结构的简化和开放。简化旅馆的功能结构，可以节省大量的建筑投资和土地费用，从而利于更合理和更有效地使用资金。全面地讲，中低档旅馆的标准应体现在环境、用地、功能结构、硬件和软件等多种方面。

应特邀写作

中国台湾建筑 Dialogue 2002 年总第 56 期北京专刊

現代中國建築的創作探索
TOWARDS A MODERN CHINESE ARCHITECTURE

熊明
Xiong Ming

1 新隆發商務園中心 Commercial Center in Development Zone
2 國家標準局 National Standard Bureau

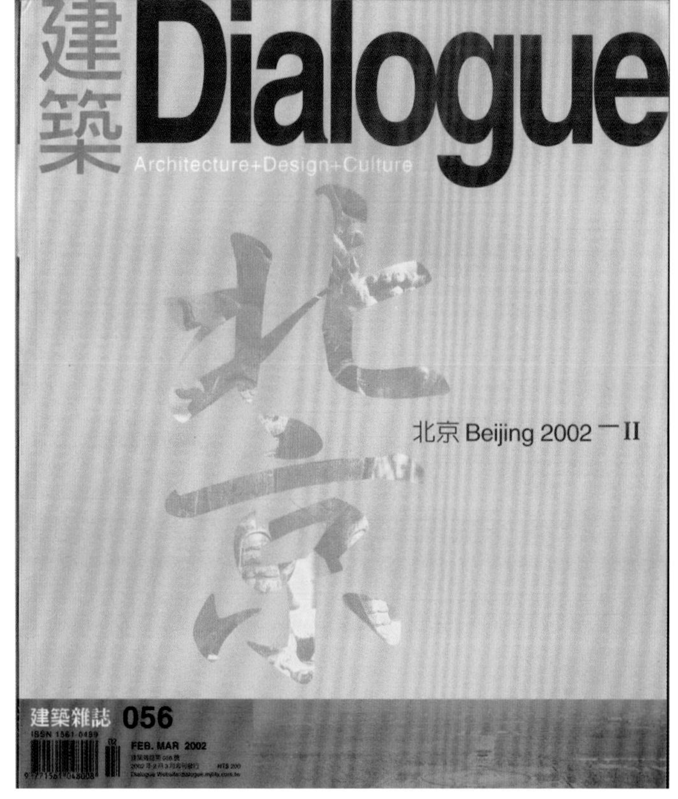

The contemporary creation of architecture
During the last twenty years, there have been new buildings completed almost every day in Beijing. Attracted by the large scale and high-speed construction, lots of architects at home and abroad come thick and fast. It promotes the multi-oriented, multivariate and multi-leveled development of Beijing architecture creation. As a world-famous old cultural capital with the history of more than 3000 years, Beijing is concerned by all circles on the matters of how to carry forward its cultural essence and reveal Chinese characteristics, while marching towards

a modern metropolis.

Through the development of several thousand years, Chinese architecture has built up its own system with the unique tradition. As the world valuable heritage, it is worth treasuring. Some buildings or relics with more historic, cultural and artistic value must be well protected. But how should we deal with the relation between historic heritage and modern architecture creation? Architectural history indicates that under the conditions of different nature, technique, economy, politics and culture, each nation has its own building features, thus forming respective national style.

Among these conditions, technology is the most active factor; its development not only directly influences buildings, but also impels abrupt turn of the whole society and the change of architecture. The handicraft production in feudal society of several thousand years formed the Chinese traditional architectural style and mode, they reflected the way of life and the aesthetic perspective in feudal times: Isolating from other countries; Rigid hierarchy; Backward technology and Slow tempo. The time is going forward, the information technology is develop-

译著（俄译中）法国的住宅建设

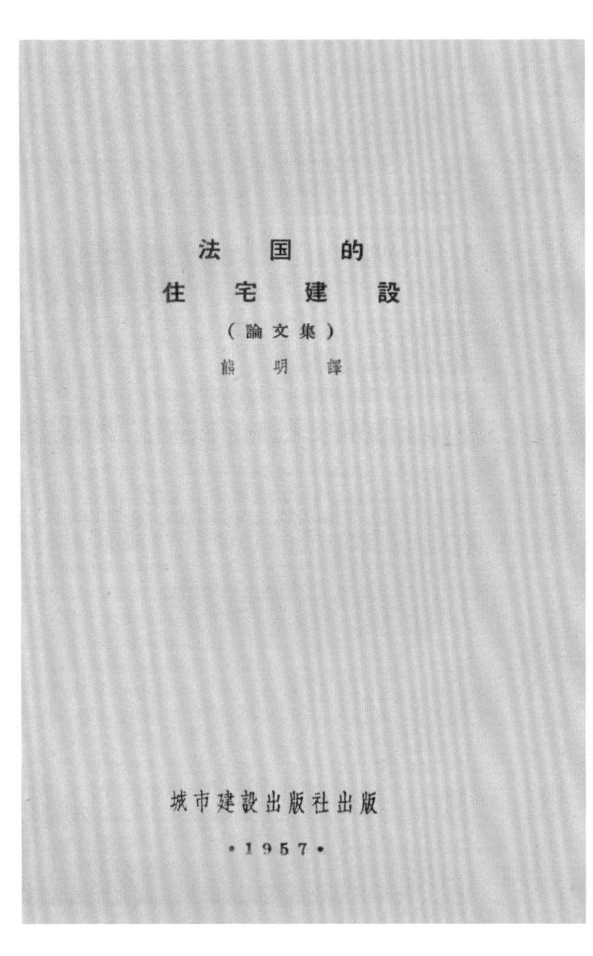

社会活动

（一）在清华大学建筑学院讲学并受聘为客座教授。
（二）在中央美术学院建筑学院讲学并受聘为客座教授。
（三）在南昌大学建筑系讲学并受聘为客座教授。
（四）在南昌南方交通大学土建系讲学并受聘为客座教授。
（五）被聘为天津大学客座教授。
（六）在北京建筑学院授课并受聘为客座教授。
（七）在哈尔滨工业大学建筑系讲学并受聘为客座教授。
（八）被聘为南昌大学新区校园规划竞赛评委会主任。
（九）被聘为南昌政法学院新校园规划竞赛评委会主任。
（十）担任福州某办公楼设计竞赛评委。
（十一）为设计中国银行总部办公楼，至香港、澳门考察。
（十二）到安徽省建筑设计院讲学并游黄山。
（十三）任井冈山电力公司设计竞赛评委主任并游龙虎山。
（十四）担任上海音乐厅设计国际竞赛评委会评委。

背后为福建泉州海滨郑成功雕像，东望中国台湾岛

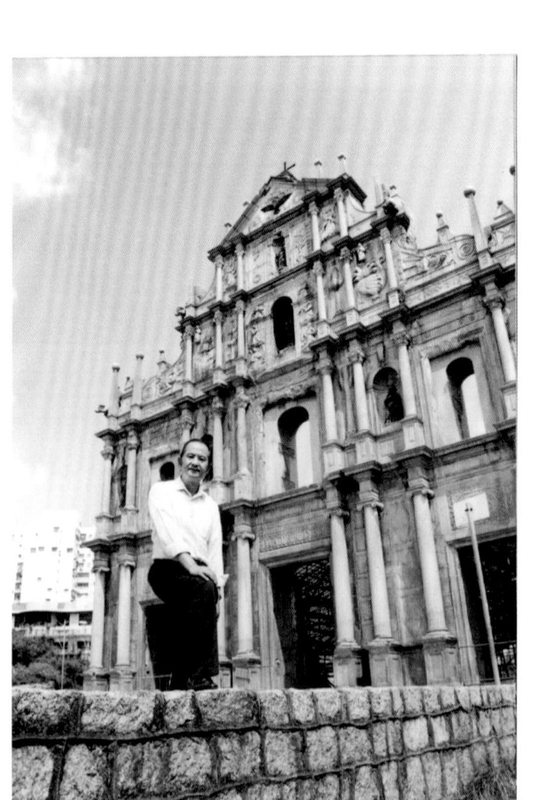
游澳门大三巴牌楼

游香港中国银行顶层室内阳光苑

香港奔达大厦（鲁道夫1983—1987年设计建造）

（十五）应邀担任海南岛海口市新区中心城市设计评委会评委，与清华大学老同学、东南大学教授刘先觉同游『天涯海角』。

（十六）1984年，中国建筑学会在广州举办建筑创作委员会大会，余在会上以『理性与灵感（一）』为题作学术报告。

（十七）应邀主持大连酒店设计竞赛评议委员会。

与世界著名建筑师埃里克森（Erickson）交谈

路过海南岛文天祥祠

上海东方音乐厅设计国际征集方案评审会评委成员：左起熊明，世界著名加拿大建筑师埃·立克森，南京大学建筑学院教授齐康，法国著名建筑师、上海大剧院设计人、法国著名建筑师夏·邦杰尔，业主代表

（十八）1985年，创作委员会在敦煌召开，余作题为建筑的本质及其美学特征的学术报告，在会上与建设部副部长、建筑学会副理事长、著名建筑大师戴念慈，设计局长、学会秘书长张钦楠交谈。

（十九）1986年为规划设计长春电影制片厂基地，与王玉玺、欧阳骖往该地考察。

（二十）1986年，创作委员会大会在昆明进行，余被选任为召集人之一，并作题为理性与灵感的学术演讲。

敦煌鸣沙山

与张钦楠、戴念慈（左二）等合影

应邀担任大连酒店建筑设计竞赛评委会主任（左边为竞赛中选方案合作者哈尔滨大学建筑系教授梅季魁，右边为该校客座教授英籍华人方案作者，中间为熊明）

为设计长春电影制片厂基地与王玉玺（左二）、欧阳骖（左四）等进行实地考察

（廿一）1988年，中国建筑学会大会在杭州举行，余在会上介绍北京建院该年的主要创作情况。会议期间，建设部部长叶如棠倡议评选建筑大师。经会议参与者无记名投票，推荐候选人名单，余在其中。1988年，建设部授予余『全国勘察设计大师』称号，余为首批十名建筑大师之一。

在杭州举行的中国建筑创作四十年研讨会上介绍北京建院的主要创作

荣获『设计大师』称号

榮譽証書

授予熊明同志

中国工程设计大师称号

中华人民共和国建设部

一九八九年

荣获『中国工程设计大师』称号

（廿二）清华大学建筑学院严少华硕士毕业论文答辩，邀余任评审会主任主持答辩会。

（廿三）香港工程师学会邀余参加年会，并委余为名誉会员，赠会徽。

清华大学硕士学位论文答辩会影合（左起：严少华硕士、高亦兰教授、薛恩伦、、熊明、寿正华、何玉如）

香港工程师学会会员会徽

（廿四）1986年，余应邀率建筑师代表团访捷克考察，布拉格副市长会见代表团。

（廿五）1988年，由北京建院党委会推荐，北京市委组织部评选出有突出贡献的科技专家，并由中华人民共和国国务院授予特殊津贴。

捷克布拉格副市长接待北京市建筑师代表，中座白发者为副市长，其右侧为熊明，其左侧为翻译姜翔芳

（廿六）1987年，通过北京建院党委推荐，北京市人民代表大会选举，余成为全国人民代表大会代表。

余当选为人大代表

与著名话剧艺术家于是之合影

（廿七）1988年，美籍中国台湾建筑师赵利国来访，交谈甚欢，余倡议中国两岸建筑师聚会交流，赵欣然同意。

首次中国两岸建筑师学术交流会（香港）（前排：左二为吴观张，左三为熊明，左四为赵利民。后排：左一为香港建筑师潘祖尧、左二为张文忠、右二为宋融，右一为交流会召集人赵利国）

（廿八）1989年，赵邀请两岸建筑师在香港聚会交流，

为中国台湾建筑作品展剪彩（右起：熊明、赵利国、工作人员、台湾建筑师、清华大学教授李道增）

余在会上介绍北京建院近年主要作品。

（廿九）1990年，在曼谷第二次交流会，余与张开济大师同往，会上余以『理性与灵感（一）』为题做学术报告

（三十）1991年，由北京建院与清华大学建筑学院共同在北京组织中国第三次建筑学术交流会，余作题为『建筑创作与文脉』的学术报告，会上举办中国台湾建筑作品展览，余应邀参与剪彩。在会上，余与北京大学著名教授侯仁之交谈。

中国第二次建筑学术交流会（曼谷），左起：熊明、罗小未、赵利国

中国第三次建筑学术交流会，左为赵利国

左起：熊明、侯仁之、宣祥鎏

与张开济总建筑师参加中国第二次建筑学术交流会合影（曼谷）

（卅一）北京建院为余办作品展。

熊明 1994—1995 作品展

（卅二）江西省城建部门邀余至庐山主持评估大量别墅安全问题。

在美庐别墅门前，左三为熊明，左四为清华大学教授李德辉

赠余美庐纪念章

（卅三）为筹备 2000 年奥运会，率团考察西班牙、希腊奥运建筑。

在世界著名建筑师戈雅设计的巴塞罗那大教堂

在希腊取圣火处考察

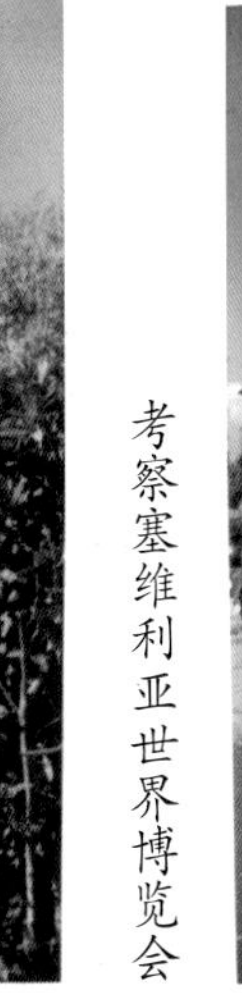

考察塞维利亚世界博览会

西班牙巴塞罗那世界博览会主要入口前各专业总工程师合影（左起：尹工、熊明、侯光瑜、宋融、吴德绳、王谦甫）

（卅四）国家领导人邀请设计国家经委办公楼人员参加家宴，该领导系余清华学长，其夫人是和余一起设计首都体育馆的同事。

（卅五）1997年，应邀访问德国，在柏林为建筑师做学术演讲。

（卅六）1997年，拜谒胡耀邦墓地。

（卅七）应邀至西柏林参加西德建筑学术交流会，余在会上做题为『北京城市建筑』的学术演讲。

为德国建筑师做报告

拜谒胡耀邦墓地

（卅七）国际建筑师协会在北京召开代表大会，余应邀参加，并在会后的学术会议上以『体育建筑——中国现代建筑的前锋』为题，用英语作学术报告。会后，报告内容获普遍赞赏，吴良镛教授称余英语很棒，刘小石局长也转达美国建筑师对讲话内容和余之英语的赞赏。他们可能不知余曾所在教会学校同文中学和金陵大学的英语老师都是美国人。

（卅八）北京城市规划设计研究院邀请中国台湾同行在北京进行学术交流大会。余以『保护文化古城及古建筑』为题作学术报告，以梁思成教授著名理论『修旧如旧』为核心内容，以珍惜真古董，排斥假古董。承传涅槃化创新思维。

在北京城市设计研究院邀请中国台湾城市规划师举办的学术交流会上，作保护古城的学术报告

赠余的台湾省都市研究学会徽章

海峡两岸城市建设开发研讨会论文集

（四十）余受中共北京市委组织部副部长兼科技干部局局长华漱芳邀请，上天安门观看展览。

（四十一）科技干部局安排在山东莱州湾休养。

（四十二）科技干部局安排在秦皇岛休养。

（四十三）科技干部局安排在青岛休养。

（四十四）科技干部局安排在武夷山休养。

（四十五）科技干部局安排在张家界休养。

（四十六）杨千里同学倡议成立同文中学北京校友会并被选为理事长，余亦被选为名誉理事长并设计会徽。

九江同文中学北京同学会会徽

北京市科技干部局安排在福建武夷山休假乘竹筏游九溪十八湾

北京同文中学校友会部分人员合影，后排左四为杨千里、左五为熊明

杨千里（左）、秘书长胡哲（右）与余在校友会上合影

（四十七）2011年清华大学百年校庆，余捐赠书画各五十幅，校方在图书馆展出，莅临嘉宾有清华大学党委副书记、老师吴良镛教授，校友叶如棠以及余在京之多位同学。

（四十八）为设计国家标准局办公楼，至东柏林考察。

（四十九）为设计外经贸部办公大楼，应邀考察法国巴黎，意大利罗马、威尼斯，日本东京，美国华盛顿特区、纽约、旧金山等城市。

吴良镛教授参加熊明书画捐赠活动

在巴黎凡尔赛宫后苑（1987年）

考察巴黎圣母院

在柏林现代建筑开创者瓦尔特·格罗皮乌斯（Walter Gropius）博物馆前

考察罗马斗兽场（1987年）

在威尼斯圣马可广场前

在佛罗伦萨比萨斜塔前

考察日本新宿（左三为熊明）

在华盛顿纪念塔前

在纽约现代建筑开拓者弗兰克·盖里的作品古根海姆博物馆前（1987年）

在美国国会大厦前（1987年）

在美籍华人著名建筑师贝聿铭设计的华盛顿美术馆东厅前（1987年）

在旧金山斯坦福大学入口

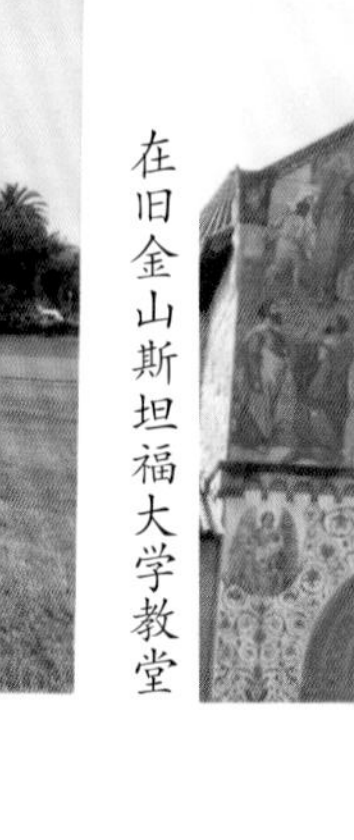

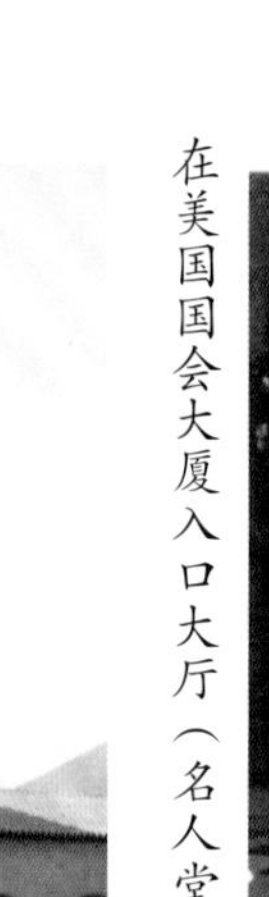

在旧金山斯坦福大学教堂

在美国国会大厦入口大厅（名人堂）

在纽约国际贸易中心双子塔楼顶

在纽约国际贸易中心双子塔楼入口大厅（『9·11』中被毁，摄于1987年）

在莫斯科红场列宁墓前

（五十）受黄胄夫人胡闻慧女士邀请，观看黄胄大师画展。余任院长时获悉黄胄卖画建艺术馆，即为其免费设计、免费监理，其间未曾要大师之画作。故黄夫人赠余精印作品。

左一胡闻慧（黄胄夫人）、左二陈丽华、左三熊明、左四吴观张

黄胄大师精印作品

读黄胄大师绘画集

西北风情寓丹青，
女儿扬鞭驴马引。
如茵草绿羊群白，
劲舞欢歌于阗盈。

（五十一）应邀参加北京建院举办之全国建筑师书画邀请展。

应邀参加全国建筑师书画邀请展，前排左二为何玉如，左三为吴观张，左四为马国馨，左五为刘力，左六为熊明，左七为戴正雄，右二为李铭陶；站者前排左九为张宇，左八为金卫钧

（五十二）鼠年除夕徐全胜院长邀请老同事聚会

老同事聚会，前排左起：赵景昭、吴德绳、熊明、吴观张、何玉如，后排左一为柴英，左四为柴裴义，左五为刘力，左六为李铭陶，左七为徐全胜，左八为魏国龙，左九为朱宝新，左十为马国馨，左十一为柯长华，左十三为郑欣，左十四为郑琪

篇三

诗词歌赋抒情怀

代序

水调歌头

幼禀性顽异，
少倾慕风流，
琴棋书画皆习，
骚赋诗词修。
歌舞酣抒情畅，
篮排足活力漾。
欢快纵情游，
不识时光逝，
难挽早春留。

失慈护，
经离乱，
历浮沉，
十年浩劫，
终降盛世实难求。
设计潜心原创，
诗画立意狂想，
随思绪歌讴，
绿色家园久，
友谊遍全球。

乙丑冬　文洛

庆祝中国共产党成立九十周年

十月炮声传马列，
东方古国火星燃。
学生五四狂飙劲，
党建七一主义鲜。
洒血抛颅唤众醒，
开天辟地书新篇。
和谐科学长持久，
小康大同永向前。

辛卯夏

颂中国共产党百年华诞

奋斗百年历艰辛，
驱倭克蒋为人民。
协商成立新中国，
坚定扫除旧毒尘。
科技创新改革劲，
中西互动开放迎。
三个代表马列继，
一项科学发展灵。
不忘初心永前进，
担当使命全脱贫。
从严治党维纯正，
全面反腐去虎蝇。
生态优良山水美，
能源低碳蓝天粼。
复兴民族梦愈近，
命运共同体将臻。

国庆周年大典

天安门，红旗飘，
各族人民意气高。
主席从容挥手招，
众心激动快步跑。
铁鹰列阵横空过，
钢车成行震地摇。
灿烂礼花光闪灼，
欢歌载舞入高潮。

庚寅秋（一九五〇年十月一日）于北京

颂国庆六十周年

六十春秋路不平，
开放改革满仓盈。
和谐科学持续进，
小康大同前景明。

乙丑夏初

国庆四周年

一九五三年初，同学选余任清华大学学生会秘书长，十月一日，余率千余同学赴天安门前，放飞多枚巨大氢气球，气球上悬挂大幅标语『中华人民共和国万岁』『中国共产党万岁』『毛主席万岁』等。天安门上下掌声雷动，欢呼不绝。毛主席向下挥手，高喊『人民万岁』。首次在天安门前上空飞翔的气球标语系余设计制作，余颇为自傲。

硕大气球飞上去，
万岁标语悬下边。
刹时掌声震耳响，
群众领袖心相连。

一九五三年十月一日

咏北大红楼

独秀大钊毛泽东，
适之鲁迅刘半农。
厚今薄古风流尽，
世界和谐向大同。

壬申冬（一九九一年）
于北京

纪念毛泽东百龄冥诞

独立寒秋指沉浮，
罗霄山脉击敌游。
长征抗争强盗急，
谈判和平大局谋。
羽扇纶巾江水渡，
红旗五星万民讴。
抗美援朝决心大，
思想宏伟千古流。

癸酉（一九九三年）于北京

纪念周恩来百龄冥诞

甘当副手竟全功，
日理万机事必躬。
为国为民丝已尽，
世人惋惜齐声颂。

戊寅（一九九八年）于北京

纪念邓小平

三起三落不轻松，
举重如轻事倍功。
改革开放催发展，
寻得好猫齐欢颂。

戊寅（一九九八年）于北京

拜谒碧云寺孙中山衣冠冢

迎辛亥革命百周年

步步默念上云峰，
五塔金刚指太空。
黄土苍穹天籁寂，
梵铃镗钹乐声隆。
自由平等志未遂，
奋斗和平愿竟终。
中山先生衣冠冢，
先知先觉永铭衷。

国共和谈

戊子夏（二〇〇八年六月）

手足分离六十秋，
互信建立泯恩仇。
和平奋斗中山志①，
继往开来共绸缪。

① 孙中山逝世前遗言：和平奋斗救中国

北京中山公园中的孙中山纪念堂

歌院庆六十周年

建院有幸同国龄，
城乡设计实艰辛。
河清代有才人出，
为国为民立功名。

乙丑夏初　文洛

咏从业六十周年

六十年前入梁门，
孜孜原创醉清新。
情真理切营意境，
不尽拳拳赤子心。

乙丑夏初　文洛

读『风』记趣

三岁时随母诵诗词、习作，至今琅琅在耳，记忆犹新，母亲阅后笑斥『你才是顽童哩』

关关雎鸠，在河之洲。
窈窕淑女，君子不逑。

关关雎鸠，攀上枝头。
俏皮顽女，君子不逑。

关关雎鸠，随波逐流。
无才巧女，君子不逑。

甲戌（一九三四年）

作者儿时与母亲

石上行

抗日战争时期，余随二姑任校长的九江女师内迁石上，内忧外患下的农民苦不堪言，此诗于就读女师附小时习读乐府诗仿作。

宁都小墟镇，
石上傍梅江。
遍地晶花漾，
沿河竹子长。
苍松秃顶老，
密树遮阳光。
日日寻晶簇，
天天掘笱桩。
晶花[1]苦见少，
腹空饥断肠。
竹弯多细弱，
茅舍少房樑。
本为天赐富，
却被战争殃。
君不闻秋风怒吼屋顶塌，
君不见冬雪摧残老幼伤。
无力救援我心碎，
唯有陪泪枉断肠。

辛巳（一九四一年）冬于石上

① 石英结晶

石上九江女师附小校舍

宁都石上九江女师教室二楼出入口木板桥

一九四五年初中毕业照。前排为老师，左起：符某某、赵竞兴、熊恬、熊愷、方佩兰、杨时勉。后排为同学，左起：朱寿珍、吴介玉、李金秀、王淑芳、熊大樱、周爱菊、朱幼珍、熊明、朱锺彦

南昌一中

一九四六年秋抗日战争胜利，余考入银溪之一中

银溪清澈水潺潺，
悦耳书声奏林间。
学子有缘入名校，
理工文史皆争先。

《武陵春》

一九四五年冬，在南昌一中高一国文课读李清照武陵春不禁潸然泪下，为该词配曲

寄学辉应鹏胡楠南昌一中

一别匆匆六十秋，
京城重聚俱皤头。
曾经沧海锋芒尽，
却喜书生意气稠。

丁亥（二〇〇七年）文洛于北京

左一为周应鹏、左四为陶学辉、左五为熊明

调笑令 迁校

迁校，迁校，
胜日终归如料。
女师八年烦恼，
帆橹回浔飘摇。
摇漂，摇漂，
唱曲弹琴吹箫。

乙酉冬（一九四五年）于石上

返回九江词

一九四六年

匡庐峰下女师兴，
扬子江滨弦歌行。
抗日凯旋复归返，
重修校舍整门庭。

女师篮球队，左一为体育老师杨时勉，右一为校长熊恬

九江女师教学楼

一九五六年，九江女师全体教职员合影，前排左一贺耀宗、左二周智、左三萧敦汤、左五汪延龄、左六刘仁兰，二排左起：熊学廉、方佩兰、熊恺、段九青、熊恬、杨时勉

寄张文若姐

毕业遽然无去向，
泪流小弟湿青裳。
何时思念亲人泣，
白首相期返九江。

戊子春（二〇〇八年）于北京

张文若姐

九江同文中学

教会宣扬救众生，
收回自办始兴升。
品行知识皆兼顾，
为国育才出精英。

一九四六年秋于九江

同文中学教学楼

抗战期间，同文中学名誉董事长冯玉祥将军（中）与校长熊祥煦和校长夫人喻元铮在四川璧山合影

同文中学老大门（摄于1867年）

同文中学校长熊祥熙先生

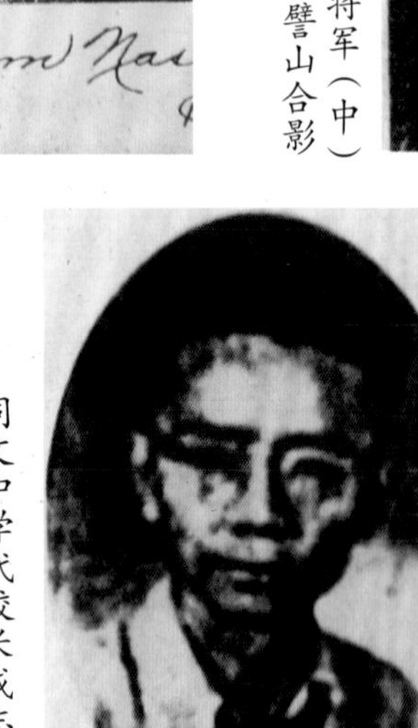

同文中学代校长戎志浩先生

同文中学英语老师 May Bill Timothy

同文中学校徽

长相思

寄少时同文旧友

夜色静，
校苑宁，
携手欢歌报佳音，
年轻不识情。
眼如晶，
泪如萤，
低头默祈佑琼英，
发皤心随行。

文洛

一九四八年高中毕业时同学合影，后排右二为余

更漏子

树遮天，荫满地，精彩足球拚比。
同文勇宪模凶①，两强狭路逢。
边争斗，边呼叫，阵阵赞叹欢笑。
声犹在，人难偕，师朋难忘怀。

一九四八年夏于九江

① 宪模乃江西省宪兵专业队

照片中，四排左一为邓春华，左三为周杰，左四为刘平，左五为蔡尔杰，左六为徐会镜，左七为陈晓原；三排左一为赵恒杰，左二为石巨恩，左三为李明偶，左四为熊明；一排左一为蔡尔旧，左三为石永恩，左四为夏少奇，左七为刘向春

南京金陵大学

一九四八年入金大

虎踞龙盘六朝城，
天时地利名校升。
不符意趣叹离去，
欣喜桂林山水情。

文洛

金陵大学主楼中塔部为『大学之声』广播电台，当年在南京能听到的广播唯有：中央广播电台、美国之声电台、大学之声电台

赞罗家弼、万仁溥老同学

昔日金陵二挚友，
京城巨擘掌石油。
采油不易炼油急，
为国分忧助国筹。
少壮知音善谋划，
老骥伏枥不言休。
住年棠棣共欢乐，
祈愿桑梓永遨游。

庚子春

在教堂（礼堂）门前

罗家弼系余初中、高中、大学同学，万仁溥与余为金陵大学同学，左为万仁溥

桂林广西大学

一九九四年初寄读西大

桂林山水甲天下，
雁岭远离溢浦弯。
苦忆亲朋泪难止，
相思肠断故里还。

文洛　一九九五年于桂林

与广西大学同学闵学颐、朱风书

桂林雁山西林公园广西大学校园内的相思桥

西林公园中的九曲桥

乡愁（一）

读中国台湾诗人余光中乡愁感慨万千，余亦泪书乡愁

乡愁是小小的球场，
你在球场那头，
我在球场这头。

乡愁是短短的小路，
你在小路那头，
我在小路这头。

乡愁是远远的旅途，
你在旅途那头，
我在旅途这头。

乡愁是长长的江河，
你在江河那头，
我在江河这头。

乡愁是蓝蓝的天空，
你在天空那头，
我在天空这头。

一九五〇年秋 文洛

乡愁（二）

寄调采桑子，意犹未尽寄相思

乡愁不尽归途远，
心系九江，
心系九江，
绿水青山任翱翔。

乡愁难忘回眸看，
情系女师，
情系女师，
相遇球场念始滋。

乡愁吟咏歌台上，
歌唱月圆，
歌唱月圆，
心有灵犀情有缘。

乡愁往复寻常路，
千米途程，
千米途程，
何日方能共弹琴。

乡愁泪泣抛红豆，
寄往浦江，
寄往浦江，
知己远方犹近方。

乡愁往昔青春梦，
欢会相亲，
欢会相亲，
情窦初开错失耘。

乡愁隔别韶华误，
讯息全无，
讯息全无，
空剩伤情盼雁书。

乡愁重聚动心魄，
莫道销魂，
莫道销魂，
离合悲欢肠断萦。

二〇〇二年于北京
文洛

乡愁深重

乡愁深重夜难眠，
故土芬芳袭心田。
赤子远游念师友，
涛声依旧唤回还。

一九五〇年秋　文洛

再返九江

乡愁呼唤返浔阳，
重聚亲朋心绪飏。
唯叹同窗多零落，
怎能无泪思断肠。

一九五〇年春

长相思

寄洛斯旧友

赣水流，漓水流，
千里隔别无尽头。
少时初识愁。
岁悠悠，梦悠悠，
万语难书心底忧，
发皤品旧愁。

乙酉深秋（二〇〇五年）文洛于北京

寄少时旧友洛斯

岁月悠悠忆旧游，
小窗闪亮楼望楼。
门前碧水应犹在，
倒映笑靥何处求。

庚寅冬（一九五〇年）于南昌

梦

寄洛斯

迷漾登顶独秀峰，
漓水穿岩响晨钟①。
木樨花蕊甜满面，
细吻去岁刻石盟。

丁酉秋（一九五七年）
于北京　文洛

① 指象鼻山

读陆游钗头凤

次韵习作寄少时旧友

执君手，
休醉酒，
倚肩心颤视新柳。
机运恶，
情缘薄。
相逢愁绪，
梦魂难萦。
错 错 错。

东风恶，
花蕾弱。
水流春尽秋凉透。
黄枫落，
登楼阁，
旧梦犹在，
切记前托。
莫 莫 莫。

丙戌秋（一九四六年）于九江
壬午年（二〇〇二年）改写于北京

如梦令 旧事 旧情 旧梦

旧事

月晦琴咽入暮，
欲诉衷肠无数，
想笑靥轻抚，
伊却飘然而去。
莫误，莫误，
命薄怕莺燕妒。

旧情

不愁相逢恨晚，
花季真情难撼，
相应复相亲，
耳鬓曼声轻叹。
怎敢，怎敢，
此愿待侬魂还。

旧梦

月黯天高途漫，
年少热情大胆，
唇吮舌儿缠，
哔喇喇罗衫绽。
肠断，肠断，
销魂钻。

丁亥早春（一九五〇年）文洛于北京

如梦令

寄隔别五十七年少年时旧友程州于北京

梅水翠峰相伴①，
少小共书同砚。
聪慧饰秀姑②，
欢笑溢洋课间。
烂漫，烂漫，
胜利返乡相见。

历劫伤心无限，
踪影渺茫弥漫。
电话响惊心，
旧友语声轻唤。
梦幻，梦幻，
奇迹突然出现。

才去别离长叹，
又为病情哽咽。
祷告祈苍天，
佑我友朋身健。
期盼，期盼，
天赐好人如愿。

壬午（二〇〇二年）岁末　文洛

① 江西宁都翠微峰，梅江流经石上

② 时演话剧杏花春雨江南，程州饰演农村少女『秀姑』

采桑子

寄老同学钟彦、恭伟、幼珍、介玉

少时同饮梅江水，
学也同修，艺也同修，
适遇沧桑任漂流。
老来长念梅江水，
春也难留，秋也难留，
旧谊铭心永不休。

乙卯冬（一九九九年）于北京

寄幼珍

春风秋雨又一年，
月缺人非夜未眠。
往事如烟随雾散，
课堂笑靥梦魂牵。

丙戌秋（一九四六年）

悼幼珍

永生难忘

昔年同窗同憩嬉修文习艺日夜近相亲
相爱初识愁
无梦思断肠
今日永别永悲怆朝思暮想心哀愁无眠

庚子夏　文洛

怀念女师

寄调夜游宫

姐妹卿卿可喜，
去岁见，
柔情似水，
轻语软歌眼微睨。
早深知，
意何为，
心何寄。

棠棣株株美丽，
素质魅，
幽香无比，
暮暮朝朝思念系。
实惦记，
梦魂飞，
期绮旎。

庚寅春 文洛

玉蝴蝶

念归

冬已尽，
盼春临，
念卿唯默吟。
岁月去难寻，
何方觅故林。

东风近，
星光隐，
萤闪慕甘霖。
微弱草虫音，
恰似轻抚琴。

庚寅春 文洛

忆王孙

黄昏天黯遇痴童
寂寞徘徊眼迷朦
梦里伊人情实融
意儿浓
新月幽幽灵犀通

乙未年八十四 文洛

虞美人

仿李后主

春花秋实韶华，
往事尘烟少。
岂知昨夜又东风，
故归飘零魂牵梦萦。
校园碧翠依然在，
芳菲娇妍改。
风流云散倍添愁，
难忘少时密友泪长流。

念玲妹

寄调捣练子

天朗朗，
聚浔阳，
轻歌曼舞恋甘棠，
年岁流，
难忘乡。

地茫茫，
实难忘，
试将凄楚止心房，
装笑颜，
隐断肠。

乙丑夏 文洛

寄琳妹

隔别六十年忽接来电

电话惊闻琳妹语，
仍如往昔半笑愁。
悠悠岁月思犹在，
渺渺家园情久留。
唯盼早日重聚首，
哪能迟暮秉烛游。
寄望小妹多餐饭，
祈愿平安别不求。

戊子春（二〇〇八年）于北京

二〇〇九年与老同学陈亚兰问候朱克文、萧敦汤老师

浔阳行

记六十二年隔别老同学相聚

岁月匆匆去，
别离六十秋。
庐山巍巍立，
长江流不休。
湖畔绿荫老，
城头红旗稠。
少时勇参军，
老来已白头。
世美笑满面，
热泪不禁流。
琳妹似沉稳，
哽声忍咽喉。
克文师高寿，
荷英姐惠柔。
嬿婧锻练好，
幼珍气功优。
多人变化显，
亚岚独惆缪。
唯余无事忙，
宝玉空悠游。
女师校园渺，
烟水亭泛舟。
细妹安排巧，
接待十分周。
餐餐有特色，
顿顿尽多肴。
时光恍惚过，
又觉需分手。
相聚实不易，
离别分外愁。
风雨飘丽丽，
姐妹泪啾啾。
长叹日行疾，
短嘘夜难留。
频频道珍重，
谆谆劝毋忧。
期望来年见，
泪湿青衫袖。

乙丑夏　文洛

女师老同学欢聚

匆匆六十三年梦，
老友别离再度逢。
难保容颜或渐衰，
堪慰心志尚放松。
轻歌曼舞笑声乐，
细语长吟欢意融。
人间晚情日益重，
少时深谊年复浓。

庚寅秋（二〇〇九年）

文洛

二〇〇九年与九江女师同学聚会，左二起熊琳、朱幼珍、熊明、葛玲，背景是九江市目棠湖烟水亭

寻姐吟

阿姐毕业一去无消息，
明弟挂念长久不安宁，
阿姐待弟情倍亲，
小弟爱姐胜知音。
阿姐喜欢打篮球，
小弟相伴日夜游。
阿姐名著不离手，
小弟诗词常在口。
阿姐善演新话剧，
小弟跟随看不够。
阿姐果真被逼走，
小弟实在难返寻。
阿姐不幸得固疾，
小弟岂畏躭苦幸。
阿姐如享天年逝，
小弟悼念地下寻。
阿姐早年如去台，
小弟渡峡力探情。
阿姐海外求学苦，
小弟国际寻觅勤。
阿姐生活幸福好，
小弟度日愉快宁。
阿姐不幸酖酸梦，
小弟嗟叹垂泪莹。
阿姐何时返大陆，
小弟等待台岛信。
阿姐心悦随即归，
小弟情欢定相迎。
阿姐永不回家园，
小弟必定出外寻。
阿姐归来要享受，
小弟侍候百事临。
阿姐旅游兴致佳，
小弟轻车伴随行。
阿姐爱食蔬瓜果，
小弟供奉生菜饮。
阿姐偏爱海鲜餐，
小弟遍购燕翅珍。
阿姐乐用花露液，
小弟供奉草汁馨。
阿姐习闻音乐声，
小弟每日吹奏琴。
阿姐性喜养禽鸟，
小弟钟爱宠物鸣。
杜鹃声声啼归去，
布谷嘤嘤泣返真。

青山常在水长流，
亲情持久泪永滢。
千言万语诉不尽，
地老天荒总是情。
姐心遥远可曾闻，
弟声凄凉天地惊。

文洛

念婧姐

寄调长相思

黄昏前，
钢琴边，
并肩弹唱泪眼妍，
听婧姐慰言。

甘棠边，
明月前，
相拥深谈细哽咽，
看婧姐面嫣。

乙丑夏　文洛

念琼姐

寄调长相思

青草前，
东湖边，
未语先笑琼姐牵，
何来美如仙。

腊月前，
寝室边，
笑靥品赏琼姐绵，
那方成游仙。

乙丑夏　文洛

点绛唇

寄亚岚

昔年江州，
女师诸姐均欢喜，
共读共食，
齐声歌棠棣。
谈笑弹琴，
朝暮相伴旎。
却叹息，
相逢恨晚，
只有惺相惜。

今回浔阳，
屈指几年难计，
令人心悸，
甜蜜长吻舐。
伊人欢颜，
俩倾心相叙，
蓦地里，
南北迢迢，
唯剩心相系。

乙丑夏　文洛

梦魂归

自度曲

弯弯路，
直直桥，
慰语轻歌民谣。
莹莹泪，
微微香，
更添离情凄凉。

山重重，
云层层，
归来切莫迟延。
风萧萧，
舞翩翩，
阿姐梦魂游仙。

乙丑夏　文洛

熊明与老友

赞赵艺文母女

艺文大姐年岁高，
关爱弟妹不畏劳。
母女双双皆教学，
培养学生出楚翘。

乙丑夏　文洛

A调4/4 稍慢凄婉　梦魂归　文洛词曲

梦魂归

左起熊明、陈燕婧、赵艺文

寄杨千里老友

自幼女师同长大，
数年抗日如一家。
历经高考分离久，
谨守中庸影不斜。
报国为民将军愿，
遂心创作匠师划。
宁静淡泊明志远，
鞠躬尽瘁别无遐。

庚寅秋　文洛

与杨千里（左）合影

青史留芳

青史留名

垂髫同窗同嬉情同手足
贤弟才学不凡终成大器
卫星通信先驱
醇醪共醉棠棣
愚兄泪涕难止空剩伤怀
耄耋永别永怆悲影永参商

愚兄文洛敬挽

乙丑夏　文洛

忆江南（一）

忆江南，
最忆渡浔阳，
初遇甘棠湖畔，
篮球场边感红妆，
桃李乐声扬。

江南好，
久忆闹沪江，
少友相邀心酣畅，
欢快融洽饮迷汤，
梦断月如霜。

江南好，
欣忆过沪坊，
离散重逢蒙上苍，
回肠荡气鸟终翔，
销魂共乡嬉。

文洛

青岚谷

寄调酒泉子

月色晶莹，
映影湖中湛迷濛，
微风飘雨湿青衫，
念江南。
莺燕鸣泣涕氲涵，
水去楼空花溅泪，
春声聆耳悦心恬，
岂幽岚。

乙丑夏　文洛

烛影窑红

寄涵樱

初遇浔阳见美仪，
识慧聪，
心舒畅，
伊人天上降风尘，
谁不情潮漾。
幽思茫茫再访，
喜寒梅，
知音共赏，
相逢虽晚暗寓灵犀，
情深难忘。

文洛

反思

寄调采桑子

少时顽劣愁未识，
笑也无忧，
泣也无忧。
日日欢歌夜夜游。
沧桑历尽愁肠断，
泣也皆忧，
笑也皆忧，
春夏花红秋叶惆。

壬辰　文洛

忆秦娥

半含羞，
嫣然一笑，
娇妍柔。
微微掩面，
步步迟留。
芳年心事深悠悠，
春情似水氤绸谬，
佯装邂逅，
欲语还休。

乙未春　文洛

长相思

日梦长，
夜梦长，
梦攀阳山采芷忙，
刚昂伴妮扬。
朝梦长，
夕梦长，
梦入阴溪拾蚌狂，
娇柔驾契翔。

甲午冬　文洛

忆江南（二）

江南忆，
首忆是丰城。
干将莫邪血铸炼，
剑声勤朴洁毅训，
文武兼双行。

江南忆，
再忆是浔阳。
女师育人皆帼杰，
品质高洁出兰芳，
声誉越长江。

忆江南，
三忆仍江州，
方志敏精神永垂。
同文师弟驱敌酋，
学子竞风流。

忆江南，
四忆是南昌。
省立一中名响亮，
学员圆梦皆自强，
九洲显荣光。

乙丑夏　文洛

访仁烯兄

豪宅高耸上青云，
学长亲迎入家门。
远眺长江涛浪湧，
近观环路车流巡。
仰望庐山横岭显，
俯览女师房舍浑。
耳畔喃喃遥指点，
眼前恍恍实难分。
招呼琳妹同辩认，
免却文痴独伤神。
放过往昔停思念，
敞开新题畅谈论。
藏书陈砚多珍品，
议事评诗哲理深。
妹本快意谈吐爽，
弟性不拘笑谑浸。
酒酽胡语情更重，
茶罢始知日已昏。
深谢贤嫂劝酒菜，
辞别主人离知音。
惆惆旧情催肠断，
区区寸草感恩深。
归来不禁恸下泪，
何处觅寻故归琴。

乙丑夏　文洛

读仁烯编辑九江女师老照片

照片良多帧帧叩心，
悠悠往事感慨万千。
校舍不存校名消失，
知交离散亲朋零落。
空剩乡愁情何以堪，
春晖未报伤怀涕泣，
抚今追昔夫复何言。

二〇二〇年春

右为何仁烯

谊深礼重

玲妹赠余蒙古袍，
肩宽腰壮气度豪。
情深物重不言谢，
长调一曲酒一瓢。

乙丑冬　文洛

读仁烯学长诗词集（下册）

诗词博雅声韵铿锵，
忧国忧民直叱魑魅。
真心真意针砭时弊，
尊师敬友情深义重。
吊古思今承善屏恶，
杏坛弦诵授徒育才。
荒疏笔耕魂系梦萦，
精诚为民爱我中华。

文洛

致琳妹

寄调荷叶杯

犹记当年灯下，
冬夜初识小妹时，
泪盈盈哽咽声微，
面庞红艳羞坦言。
天赐予，
如今又同欢聚，
欢叙，
无比俩心愉，
胜似过新年。
相会不易别更难，
断肠梦游仙。

乙丑夏　文洛

长相思

思清华，
念清华，
水木清松境界佳，
营建系①似家。
爱清华，
喜清华，
紫荆②花开映彩霞，
蓬勃漫天涯。

① 清华建筑系早年名『营建系』
② 紫荆花为清华校花，老营建系系馆前两侧各一大株，枝多花盛

一九四六—一九五一年，清华营建系在水利馆三楼（前排左起：林爱梅、谢文惠、熊明、熊振、程敬琪、孙苹芬、冯继）

步老友同龢原韵（一）

温馨聚会不知寒，
少小情谊肺腑间。
浔州故园寻旧梦，
豫章新区忆华年。
心灵交感有笔砚，
山水崎岖无足难。
不道夕阳经典句，
婵娟与共永如前。

壬午初夏（二〇〇二年）
于南昌　文洛

文同龢手写稿

与老同学重逢。左起：文同龢、陈亚兰、熊明

步和同龢步原韵（二）

少小天真去似烟，
匆匆隔别又暮年。
几多受屈同学去，
不少艰难师友生。
狂士肆横驾雾里，
谪仙历劫降人间。
却逢改革发展快，
崛起东方赶那边。

壬午（二〇〇二年）
于北京　文洛

一九八八年清华大学校庆，同班同学返校聚会，左起：周礼达、王志周、程明瑞、林爱梅、李培德、毕万宝、熊明、程敬琪、吴宗生、张慧娴、赵柏年、王泽众、时雍、徐伯安

忆清华母校

张之翔

黄金时代几年家，
桃李春风满苑花。
实验室中严有序，
图书馆里静无哗。
操场踊跃争强体，
宿舍欢腾共吃瓜。
一自骊歌分别后，
谁人能不忆清华。

二〇〇六年冬

忆母校

和张之翔学长

校园和悦有如家，
春夏秋冬全是花。
教授教研多启迪，
学生学习少喧哗。
不忘锻炼强身体，
兼顾粮蔬蛋果瓜。
立足攻坚高精尖，
何人不爱我清华。

丙戌秋于北京　文洛

清华大学毕业照

清华大学校庆

读熊明诗（书）画集

明子以理工专家、建筑大师名著于世，而其人文学养造诣亦深，诗词书画俱臻精湛，洵为罕见。今获赐其新著鸿制，拜读数过，仰佩无已，其画作中余所尤爱者有肖像、日蚀、遥望、思乡、黄昏、翱翔、舞风、生命、抒怀、柔兰、墨梅（三桢）、水月、海天等；而其画作潇洒有致，笔力浑厚；长诗短句不拘一格，无加雕琢，自然天成辞达而已。

兹敬述而感云：

赞我明子，奇才天赏。执笔如旌，运筹抑扬。
挥驱才艺，驰骋纸上。绘真绘影，情怀意长。
肖像娴淑，文倩端庄。日蚀光晕，宇空遐想。
北雁南飞，故土难忘。风酥水静，思想情往。
黄昏迤逦，霞晖熠光。冷月穿波，诗魂惆怅。
抒怀望远，杳渺八荒。柔兰数岂，空谷幽香。
曲枝稀蕊，梅品高尚。清虚辩证，水月函光。
海天空阔，云水莽莽。毛颖巨椽，比倚二王。
融籀化古，心力遒强。信笔行草，云水流漾。
诗词书书，相得俱彰。赏心悦目，意隽味长。
赞我明子，才艺精良。慧聪天赋，潇洒倜傥。

珊如　八十又二　二〇一〇年春

步珊如兄廿二韵

同门学子，愧蒙赞赏。兰柔荷洁，月色沁香。
拙笔荒疏，敝帚尘扬。寒梅自在，知音高尚。
文采了了，真挚长长。学浅心虚，草莹微光。
少加修饰，但求深长。山高水深，书生狂莽。
豪放婉约，不敢佯装。秃笔无力，不需攀王。
星光游丝，遐思幻想。篆籀古雅，功夫欠强。
闯南荡北，旧交难忘。行草随性，狂悖自漾。
岁流月逝，一如既往。琴棋书画，小得不彰。
夕阳虽好，怎比春光。性之所至，修身难长。
故人离散，无限惆怅。同文学子，素质善良。
霞云缥缈，地老天荒。真情而已，难云倜傥。

庚寅秋　文洛

忆秦娥

寄同穌

秋风疾，
同窗友谊心如昔，
心如昔，
别离六秋，
形影如碧。
书信来往鸿雁悉，
诗词唱和情真挚，
情真挚，
萦萦同汲，
惺惺相惜。

乙丑初夏　文洛

文洛兄有赠建筑美学纲要其论建筑与艺术两臻佳胜爱制长韵以贺

文同穌

阐技阐理阐哲阐情，
开我茅塞领解豁然。
如诗如文如琴如画，
玉笔吐花流水行云。
有承有传有启有迪，
论述精到神味隽永。
绘影绘声绘景绘色，
丰知增识引导揽胜。
融中融西融今融古，
追步前贤又范后生。
以祭有巢以献梁公，
代有名师今有传人。
与时俱进国祚兴旺，
锦绣河山万象呈新。
广厦万千筑成次第，
装点吾土护庇吾民。

拜读文洛先生建筑美学纲要

杭州汤柏林

巨论煌煌，
超越古今。
融会中西，
优势互补。
传承创新，
允称巨擘。
工体大厦，
雄峙京辅。
造型完美，
万人仰睹。
建筑大师，
公乃翘楚。
谨献俚言，
为公祝嘏。

八十四高龄的汤柏林老先生为杭州文化教育界著名人士，长期任英语画刊主笔，为外语界老前辈，中文造诣极深，已发表和刊印大量的英语和古汉语论著。

谢汤老柏林并同穌学长

君诗赞赏美若花，
在下惶然愧对夸。
唯祈房多遍华夏，
如画山河生态家。

乙酉冬（二〇〇五年）于北京

谢柏林先生赐教

集句拙诗夸拙集，
汤公厚赞愧惶添。
神交仰慕颐年久，
受益斯文润玉田。

乙丑夏　文洛

呈熊明先生砚北

北京熊明先生以新著《文洛诗词吟草》见赠，读后谨摘其锦句，移圭配璧，撮玉成行，得七绝二章为答

洗去书生意气难，
齐心报国谱新篇。
厚今薄古风流尽，
立足攻坚高精尖。
晶光恰似神来笔，
水木青葱境界佳。
华丽装修皆不用，
和谐世界仰晨霞。

戊子冬于杭州启徽轩
汤柏林

答谢珊如奉和十六韵

流年逝水一日三叹，
匆匆岁月马齿又添。
昨天家园离别亲人，
今夜故乡情意泪涟。
师严友爱唱和文字，
同窗切磋调理琴弦。
情如手足今仍如昔，
谊比骨肉长存人间。
莺啼燕语鸣声林下，
虎纹豹斑华采成卷。
思念旧事虚度秋秩，
缅怀故苑如在眼前。
不离不弃坚韧金玉，
文坛大名何语村言。
鹤颜童心同享仙寿，
他日重聚共书华篇。

乙丑夏　文洛

文洛兄赠《建筑美学纲要》，读后余奉长韵十六行以贺，今又获赠新著《文洛诗词吟草》，因又有赋志感。

捧读三过抚书赞叹，
今我明子佳制又添。
慧中秀外文如其人，
斯人胸境拂扬淋涟。
既往及兹人性字字，
情爱两键扣人心弦。
婉转吟哦八方今昔，
义精理湛珠玑行间。
心存芸芸眼有天下，
情字一枚其耀全卷。
岁月悠悠行年九秩，
倜傥风采历历眼前。
世风长河淘出金玉，
昭炳时代金玉箴言。
忝为老友祷共益寿，
他日净晴再诵新篇。

按：十年曰旬，满十年称秩，文洛少余二岁，计为八旬可耳。

珊如　二〇〇八年十月二十八日

纪念九江同文中学一百四十周年校庆

匡庐峰下长江畔，
师友融融学智贤。
课室凝思攻典籍，
礼堂浮想咏诗篇。
球台拼搏赢无奖，
棋枰攻防乐忘眠。
白发同窗归故苑，
欢歌母校永华年。

丁亥夏（二〇〇七年）于北京
沐恩学子熊明

采桑子　纪念母校

九江同文中学一百四十周年校庆

少时同饮长江水，
学也同修，
品也同修①，
师友融融乐无忧。
老来遥念长江水，
岁也长流，
人也长流，
母校春晖耀九州。

丁亥夏（二〇〇七年）于北京
沐恩学子熊明

①同文校训『读好书　做好人』

母校颂

欢歌儒励同文中学（桑林书院创立于一八七三年，南威烈书院创立于一八六七年）校庆

匡庐峰下同文立，
扬子江滨儒励支。
碧水蓝天风浪漾，
苍樟绿地校园葳。
华窗双塔礼堂穆，
红顶四楼课室齐。
岁月沧桑树樑栋，
春秋风雨濡蕙芝。
『读好书做好人』，
『真实必胜虚浮』。
开明校训导方向，
清醒生员逾路崎。
德育需修智育砺，
品行当进知行犀。
坚持体育培美育，
锻炼身仪养性仪。
数理能通自然悉，
语文常诵伦理治。
琴棋书画灵光闪，
骚赋诗词意境蹊。
博大精深观宇宙，
古今中外辨传奇。
多方涉猎目光展，
全面熏陶资质培。
因材施教要求异，
个性彰扬途径岐。
谆谆教诲先生道，
苦苦攻研学子怡。
名校声誉贯南北，
英才成就播东西。
严师义重心长志，
母校恩深意永皈。
天若有情天亦老，
涌泉难报三春晖。

丁酉秋感恩学子
熊明敬贺

颂清华

和张之翔『忆母校』意犹未尽，更颂之

丙戌秋（二〇〇六年）于北京

水木清华诵读琅，

理文学科具名师。

梁王陈赵扬文粹①，

叶周华钱放光辉②。

月照荷塘沁香馥③，

钟鸣松岗惊睡狮④。

人才辈出皆梁柱，

为国精英报晓晖。

熊明

---

①梁启超、王国维、陈寅恪、赵元任

②叶企孙、周培源、华罗庚、钱伟长

③朱自清『荷塘月色』

④清华大学闻亭悬闻钟纪念闻一多

水木清华

朱自清雕像

闻一多雕像背后是闻亭闻中

长相思

尊梁公，
敬梁公，
初入梁门似小童，
欢欣几近疯。

崇梁公，
拜梁公，
幸运降临需用功，
丝毫不放松。

沐恩学子熊明

颂恩师林徽因

江南才女善诗文，
艺术高超普世闻。
营社创系助梁力，
国徽设计英碑成。

沐恩学子熊明

先师

梁公思成，高瞻远瞩，渊博杂家，深思广虑。
门下弟子，学习了悟，管窥之见，聊供参考。

大艺术观

丰富多彩，绚丽如虹。
中外历史，东西文明。
民族民风，生活生产。
阶级阶层，和平和谐。
琴棋书画，诗词曲赋，
音乐美术，雕塑建筑。
戏剧舞蹈，电影电视，
环境意境，德育体育。
融合融化，再生再造，
逻辑思维，灵感原创。

大科学观

宇宙万物，联系广泛。
天文天象，地理地质。
节能节水，环球环境。
风火雷电，结构空调。
材料属性，加工制造，
经济估算，工期长短。
宏观微观，远看近看，
大而化之，不求甚解。
根基理论，构思法则，
全面掌握，创作自由。

赠中央美院学子
庚寅夏静　文洛

余参加梁思成九十五周年诞辰活动

梁思成夫人林徽因教授

梁思成、林徽因参与设计的人民英雄纪念碑

梁思成全集（第一卷）

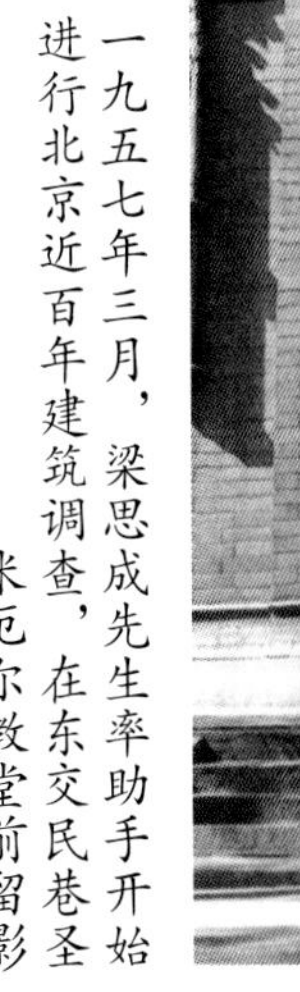

一九五七年三月，梁思成先生率助手开始进行北京近百年建筑调查，在东交民巷圣米厄尔教堂前留影

纪念先师梁公思成百零五龄冥诞及梁公亲创清华建筑系六十周年

寄调采桑子

清华创系又营社①，
雄也梁公，
困也梁公，
艰苦『李庄』林与同②。
奈良获救燕京梦③，
乐也梁公，
忧也梁公，
珍惜京城谁认从。

国徽设计英碑立④，
盛矣梁公，
畅矣梁公，
率领同侪建首功。
遭批『复古』罹劫难，
危矣梁公，
悲矣梁公，
身后赢来赞誉隆。

沐恩学子熊明叩首

① 营造学社。
② 梁夫人林徽因。
③ 二战末期美机轰炸日本，梁公致函请保留古城『奈良』。一九四九年后他又建议全面保护北京城未获采纳。
④ 天安门广场人民英雄纪念碑。

梁思成 1901～2001
纪念梁思成先生诞辰一百周年

营造学社成员在测绘（组图）

助教吴良镛

代系主任吴柳生

营建系创办人系主任梁思成

颂恩师周卜颐

留洋美国才学飚，
两回夺冠声誉高。
硕士双料名教授，
学子尊崇感恩滔。

沐恩学子熊明

看望恩师周卜颐教授

颂师恩公张守仪

超凡才学女中杰，
教学科研业绩高。
烟斗从来不离手，
神情潇洒意气豪。

沐恩学子熊明

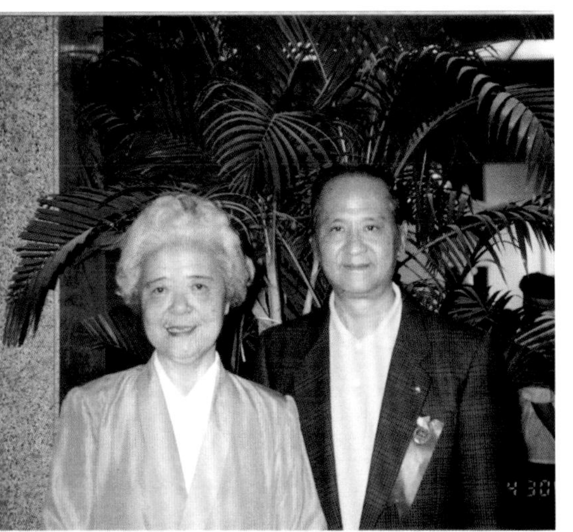

看望张守仪老师（一九九五年）

颂恩师吴公良镛

大智①办学堂，
后学徒奔忙。
营国匠人者，
唯师盛益芒。

丙戌秋（二〇〇六年）于北京
沐恩学子熊明

① 指吴良镛教授

吴良镛赠余书法

吴良镛

清华百年校庆，余捐赠的书画各五十幅在图书馆展出，老师吴良镛教授莅临指导，左一为熊明，左二为吴公

颂汪公国瑜

温良恭俭才艺佼，
博学风流师德高。
书画诗词修养萃，
清新典雅原创飚。
春晖普照播桃李，
寸草蒙恩暖胸凹。
受教多年沐雨露，
高峰仰止铭心涛。

庚寅夏 沐恩学子熊明

第三次中国两岸建筑师学术交流会在清华大学建筑学院召开，左一为熊明，左二为汪国瑜

悼吴公冠中大师

恩师吴公
中外推崇
清华执教
余幸师从
骤传噩耗
惊悉梦薨
书画传世
青史永宗

求真轻假文笔颖，
疾恶重善德艺馨。
崇尚完美追完美，
不负丹青爱丹青。
书写画作出原创，
油绘墨泼入意境。
仙游星月春晖驻，
神往芳菲寸草行。

庚寅夏沐恩弟子熊明叩首

吴冠中

再悼恩师冠中公

遽然西去已逾旬，
犹滞伤怀泪苦吟。
从艺白头自欢乐，
执教终老徒芳菜。
天涯无境心有境，
海角有垠爱无垠。
寸草将衰肠已断，
春晖未报梦难寻。

庚寅仲夏不肖弟子文洛叩首

三悼恩师冠中

凄风苦雨已过月，
愁梦惶魂徐度年。
长吁短叹泪垂尽，
悲歌哀咏声喘喑。
蓝天白云纸面染，
千壑万峰布上延。
刻骨铭心祈安息，
天荒地老祈永恬。

庚寅大暑不肖弟子文洛叩首

如梦令

歌『原创』

（一）①

黄顶蓝天紫墙，
玉砌雕栏殿堂，
苑囿故皇宫。
炎黄文化亮光，
辉煌，辉煌，
独标一帜绵长。

（二）

绿树粉垣青瓦，
流水小桥民舍，
老县镇村庄。
天地人和融化，
如画，如画，
点染五湖华夏。

（三）

保护传承开放，
探索苦思狂想，
『特色取胜』②欤。
远距摘抄效仿，
原创，原创，
『灵感思维』闪亮③。

文洛

① 前人多押仄韵，然尝见忆秦娥、柳稍春、祝英台、声声慢等词押平韵或押仄韵皆有之，其他平仄混押者亦不少，此词第一节试押平韵。

② 中国建筑学会顾问张钦楠新著，论述全面深刻。

③ 杰出科学家钱学森提出『三种基本思维为抽象（逻辑）思维、形象（直感）思维、灵感（顿悟）思维』。

颂谢冰心

昔日文坛笔耕名，
如今风范益清莹。
早春二月犯时忌，
不惧晚秋霜雪凌。

文洛

冰心（右）及冰心之子吴宗生（上）、熊明（左）合影

七言九韵寄老同学张锦炎教授

乙丑春

莘莘学子聚清华，
心地清纯似一家。
偶助课堂习肖像①，
欣逢舞会伴名葩。
似颦似笑凝神采，
亦步亦旋挥云霞。
社团辞岁司粉墨②，
集会迎春避喧哗。
细语轻歌繁星淡，
云晦风疾新月斜。
院系调整无奈何③，
两园咫尺似天涯。
匆匆岁月随水逝，
漫漫人生攀险崖。
幸喜燕园传信息④，
却叹白发乱如麻。

文洛

① 建筑系人像速写课。
② 张与我同任化妆师。
③ 张所在数学系归北大，我建筑系仍留清华。
④ 燕园从一九五二年至今一直是北大校址。

悼王志周

南模中学地下工作显本色　年少才高傲物
清华名校时事宣传实精英　世情言简意赅
同窗四载深知才高八斗学富五车　堪称良朋益友
交谊卅年遑论眼观六路耳听四方　叹息月影流星

清华一九五三届毕业同窗
丁亥（二〇〇七年）文洛于北京

作者与王志周同学合影

恭祝北京市建筑设计院老院长沈勃吾师九十大寿

少出齐鲁，
琴棋书画皆习，
青至燕赵，
拳棒刀剑均行。
学习工程建设公开敬业，
志矢共产主义秘密献身。
创业维艰敢当，
守成不易需勤。
首都规划宏图，
国家建筑艰辛。
十年大庆颂典，
二人小心检巡。
尊老敬贤执礼恭敬，
培少携青使用精英。
欢歌民族奋起，
笑看神州永新。

庚寅夏 沐恩学子熊明敬贺

熊明（左）与沈勃老院长

悼沈勃老院长

惊悉恩师骤西行，
肝肠痛断梦难宁。
提携学子劳心志，
培养青年垂力耕。
严格要求鞭策紧，
热忱鼓励信任深。
春晖普照育才广，
寸草崇敬永铭心。

壬辰 沐恩弟子熊明叩首

沈勃赠余竹水墨画

北京市建筑设计研究院前总工程师杨公锡镠百年祭

伏维
民族复兴盛世，科学昌明时代。
社会和谐岁月，建院蓬勃时日。
敬奉
东谷春兰幽芳，南池夏荷清香。
西山秋菊晕色，北野冬梅凝霜。
祭曰
吴越书香门第，宁沪科学世家。
攻读土木工程，执业建筑设计。
公推建筑学会理事长，兼任建筑学报出版人。
欣逢解放，爱国拥军为民。
迎接公营，敬业献身忘己。
北京八大总，首席构造专家。
建院六名师领衔规程主编，
公共场所疏散理念原则，
影剧院堂视觉质量制定，
图书馆藏书架承重楼盖，
博物院存宝柜防盗措施，
百乐门舞厅名噪一时。
龙潭湖体馆，声播四方。
陶然亭游泳馆，民享陶然。
工人会俱乐部，表现工人。
展览馆剧场，天鹅起舞。
大使官邸，参赞鸣谢。
乒乓馆，指导新人创作。
首体馆，帮助俊才成长。

岂知十年浩劫，无故获罪，
可叹一朝患病，遽然弃世。
嗟夫
纵高山可喻斯人精神，
唯苍松能比贤者品格，
经酷暑始识高士操守，
历严寒方知名宿风范。
悲矣
春晖未报兮寸草伤怀。
辛勤为民兮甘苦共赏。
刻骨铭心兮凄苍断肠。
地老天荒兮千古流芳。
呜呼哀哉尚飨。

沐恩学子　熊明叩首

杨锡镠

张镈 张开济 赵冬日 三公百年祭

青史齐芳

大师大道大气魄大视野大手笔，
大会堂政协礼堂革命史馆，
蜚声中外，利在当代。
融合古今，功载千秋。
名工程功能艺术技术环境，
名人名家名建筑名规划名设计，

庚寅夏 文洛

张镈大师百年祭

中华解放关民权，
孤雁归来盛世逢。
国庆工程创伟业，
京城建筑立新风。
民族宫殿古今合，
人大会堂中西融。
奉献恢宏利当代，
留芳青史思劲松。

辛卯冬初 文洛

华揽洪总建筑师百年祭

法籍华裔名匠师，
精诚爱国闪光辉。
宁离异域巴黎去，
难忘故乡北京归。
孰是孰非毋言辩，
亦师亦友唯泪垂。
耕耘不辍无怨悔，
仙逝群心铸慰碑。

壬辰
后学熊明叩首

张镈大师张镈：我的建筑创作道路

熊明（中）与张镈大师（右）合影

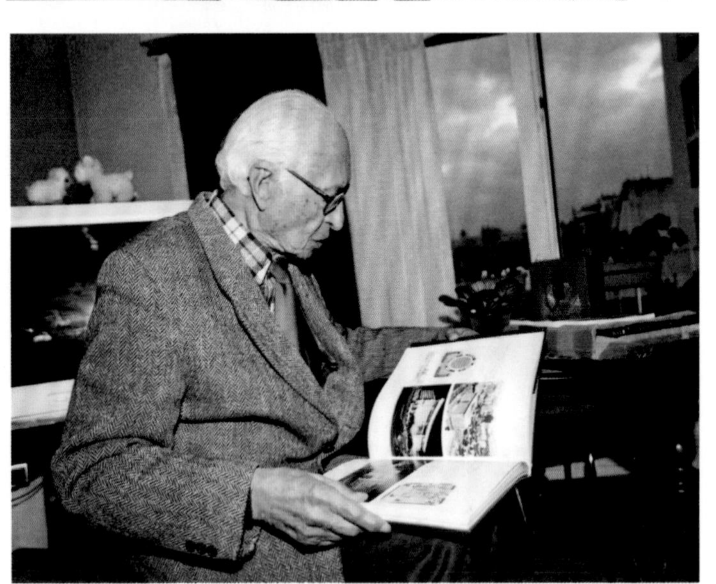

华揽洪

棋圣聂卫平的大局观在围棋界有口皆碑，建筑设计大师赵冬日的大局观也同样令人赞叹。棋手的大局观影响棋局的胜负，建筑师的大局观则涉及城市的面貌和长远的发展。

早在新中国成立之初，1950年4月20日，30多岁的赵冬日建筑师上书政府，对首都建设计划提出有关全局的重大意见。其中不少意见经受住了时间与实践的检验，证明他极有远见，如人口限制、功能划分、交通网络规划、机场选址等，都显示出他非凡的大局观。20世纪50年代初，大屋顶盛行期间，赵总设计了位于丰盛胡同的中直礼堂，采取汉阙为题的大胆尝试。随后，在全国政协礼堂和北京市委办公楼的设计中，赵总不拘泥于成熟的中国建筑形式的运用，而是着眼于建筑创作发展的大局，从中亚和西洋建筑中汲取营养，实为『古今中外一切精华皆为我用』之先声。而且，不能忽略的是，在全国政协礼堂的设计中，由于功能需要和用地局促，30米×30米的多功能大厅被置于同样跨度的礼堂之上，这在我国当时的技术条件下，是了不起的创举。赵总大胆构思，放手运用现代技术，不但合理地解决了政协礼堂功能和用地之间的矛盾，构成了雄伟的造型，更重要的是开风气之先，为当时建筑师之所不敢为，不能为，为其后的建筑创作打破了技术的束缚，为建筑技术的发展提供了推动的力量，开拓了先进技术与建筑创作相辅相成的宽阔道路。这些均为其后的国庆工程的设计做好了观念上和技术上的准备。

1958年，为迎接国庆十周年，中央决定改建天安门广场，兴建人民大会堂、中国革命博物馆和中国历史博物馆。这一划时代的壮举吸引了全国有关专家、设计单位和学校广泛的关注和参予，相关单位提出了各种规划设计方案。其中多数方案都是以广场南端的人民英雄纪念碑为结束，东西两侧布置建筑，围合成一处较封闭的空间。时任北京市城市规划管理局总建筑师的赵冬日大师，在『百花齐放，百家争鸣』方针指引下，出手非凡，以大气魄、大手笔把广场南端推至正阳门下，形成一处气势宏伟的开放空间。对这一大胆设想，当时各方还存在各种担心，主要是：如此巨大的尺度，广场会不会显得过于空旷，甚至失去广场的感觉；两侧建筑如此之长，矮则显得过于扁长，高则显得压倒天安门城楼。其实，从百万人集会的需要看，广场尺度不可能再小。考虑到120米宽的长安街，如果广场深度不足，将缺乏必要的气势；南端开放的绿地（后来建纪念堂）不仅改善生态环境，而且视野开阔，令人心胸豁朗，意气风发。人民大会堂要包含10000席位的大礼堂、每省一个会议厅、5000客座的宴会厅、人大常委会办公室和接待厅以及相应设施，这么多的内容没有足够的用地和面向广场的长度也难以解决。赵总设计的方案将大会堂置于当中面东，由风门廊、衣帽厅、两层高的休息大厅再进入大礼堂，重重廊榭，登堂入室，气势庄重宏伟。宴会厅设在北翼，入口面北，为避免用地局促、进深不够，宴会厅升至二层，底层由四柱支撑，气度从容，尽端经大楼梯直达二层，折返再进入宴会厅，拾级而上，峰回路转，别有一番情趣。南翼人大常委会办公部分体量要和北翼对称，但不需那么集中的大空间，做成一个内部庭院，既可增加绿化，改善环境，又可作停车场。这样构成的东立面，为适当加高中部，在入口大厅上部又建一个300席位的小礼堂。总面积由最初设想的6万平方米扩大到16万平方米，真可谓『石破天惊』。从功能需要和百年大计出发，不得不佩服赵总的大气魄、大手笔。

进入改革开放的新时期，赵总经过长期的思考酝酿，在80高龄之际，又提出北京新轴线的构思，并不辞辛劳，带领年轻同志深入调查研究，分析现状和发展趋势，提出在长安街以南、前三门以北，沿人民大会堂和中国革命历史博物馆中轴线往东西方向延伸，构成新轴线的构想。赵总强调：中国建筑传统的布局（包括北京南北中轴线）的特色是把重要建筑置于轴线上。所以，把一些政府建筑和公共建筑布置在这条轴线上，结合环境设计，形成一条方便舒适、优美壮观的新轴线，与老北京城的南北轴线交相辉映，体现首都北京跨越漫长的年代，反映历史的发展、社会的进步和中华民族灿烂的前景。在只顾眼前利益、追求超额利润，商业建筑铺天盖地而来的热潮中，赵总保持独有的清醒，以拳拳爱党报国之心，以其一贯的大气魄、大手笔，力图为首都美好的明天留下一片宝地，作出新的奉献。

从选集丰富的内容可以看出，赵总的大气魄、大手笔来自老一代先进知识分子的历史使命感，来自他对事业执着的感情，来自他博大精深的学术造诣，来自他长期从事城市规划和建筑设计的实践经验。他的论文和设计作品思路开阔、论述严谨，既启迪思想，又耐人寻味，本文所述不及万一，仅略表笔者对赵冬日大师的衷心敬佩和祝贺。

熊明　一九九八年十月

赵冬日大师

建筑设计大师赵冬日作品选

怀念巫公

怀念著名建筑师巫敬桓

巫敬桓

1954年，我在清华大学建筑系攻读研究生时，为收集旅馆建筑资料想去参观『和平宾馆』。和平宾馆是1952年为亚洲太平洋国际和平会议新建的，是新中国成立后在北京新建的规模最大、层数最高的重要建筑。我的指导老师张守仪教授为我写了封介绍信，开头是：『巫敬桓学长：兹介绍我学生熊明拜见您，请教和平宾馆的设计情况，请予指导……』我怀着一颗敬畏之心去见老师辈的著名建筑师，没想到见面后，巫先生极为谦和地接待我，面带微笑，像对待同辈人一样亲手给我倒茶，完全没有大建筑师的架子，一下子就让我放松了心情。他看完我呈上的介绍信后，详细地给我介绍和平宾馆的设计内容与构思，一边讲述，一边做草图解释；对我提的问题，不厌其烦地逐条解答；之后，又给我介绍负责和平宾馆室内设计的孙建筑师，还开玩笑说孙先生本来是上海国际饭店的总经理，就因为被借来负责室内设计和筹备宾馆开业，把上海总经理的金饭碗都丢掉了。随后他又亲自打电话，安排我去宾馆参观调查。这第一次短短半天的接触，他渊博的学识和职业技能，以及高雅幽默的学者风度令我倾倒和由衷敬佩。

第二次和巫公接触是在一年之后。巫公以同样的热情和耐心为我介绍王府井百货大楼的设计。这又是新中国首都北京的一幢宏大的公共建筑。他高超的业务水平召来好运气再三光临，让他不断有机会创造各类建筑领域的第一幢。这次学习和参观令我进一步领略到巫公卓越的才华和严谨的思维，以及认真细致的工作作风。

此后，巫公和夫人张琦云建筑师在北京市建筑设计院工作22年，参与了从人民大会堂到毛主席纪念堂等许多重大工程的设计；主持和负责设计了图书馆、俱乐部、火车站等公共建筑以及一系列外国驻华小型使馆建筑。同时，这样一位学识渊博、技艺精湛的一流大建筑师还自甘寂寞，从事一般被视为单调烦琐、枯燥无味的中小学校舍的调查研究及标准设计；写出资料充实、论证全面而深刻的高水平的科研报告；作出切合北京实际情况，认真贯彻『适用、经济、在可能条件下注意美观』的典型工程设计，为优质高速地建设校舍，支持中小学教育的迅速发展做出了重大的贡献。

1973年，我被调到第三设计室进行外交部新办公大楼的方案设计。时任主任建筑师的巫公不但给予我精心的指导，而且有时还亲自动手帮我们加工渲染效果图，显示出深厚的艺术修养和绘画功底。在那知识分子备受压抑的年代，空气都让人感到郁闷，但我们还要不断地加班赶图，还有无休止的『大批判』，简直让人喘不过气。巫公却适时运用他特有的幽默，冲淡人们的精神重负。有次学习时，他手抚自己光亮的秃顶，用浓重的四川方言说：『我学习列宁，从头学起。』众人不禁愕然，继之才领会到他既自嘲又启人深思的含义，不禁失笑。还有一次在谈到家庭喜乐烦恼时，他夫子自道地说：『我们家小事由张琦云（夫人）作主，大事由我做主。』停顿片刻又爆出一句：『我们家没有大事。』引起哄堂大笑。他把市井的『怕老婆』『打肿脸充胖子』表述得郑重其事、温文尔雅，即使相声中最高明的甩包袱对此也望尘莫及。诸如此类的雅谑，妙语连珠，层出不穷，给当年辛涩的生活带来一缕清新舒缓的气息。

除设计和科研工作外，巫公还在北京市建筑设计院业余大学执教。理论与实践紧密结合的建筑设计课，丰富多彩的素描与水彩课，让学生受益匪浅。特别是他那精湛的水彩示范作品总是吸引学生赞美和羡慕的眼光。他几十年诲人不倦，培养了一批批学生。至今建筑行业许多设计单位的骨干都是他的学生，这是巫公诸多贡献中十分重要的一个方面。

值巫公九十冥龄，谨以此文并七律一首为念。

诗曰

学识渊博技艺工，谦和幽默气度宏。
创新设计奉献大，教学育人建树丰。
炽热时日甘寂寞，酷寒岁月送春风。
历经沧海书生谊，益友良师敬桓公。

乙丑冬 文洛

悼钱伟长教授

一代宗师骤西行，
清华学子尽哀噫。
继承国粹文史习，
抵御外侵理工寻。
弹道学科实先驱，
高教改革遭苦辛。
和谐社会育梁栋，
青史留芳铸民心。

庚寅夏 沐恩弟子熊明叩首

钱伟长

校庆感怀

七载清华攻读勤，
营建学系一家人。
师长才高谆教诲，
学生识浅恭应循。
品行修养素质进，
专业技能逐日臻。
岁月匆匆流水逝，
涌泉难报教导恩。

戊子暮春（二〇〇八年）
文洛于北京

母校百年华诞

学堂百载经风浪，
水木清华书声琅。
日照荷塘沁芳映，
钟鸣松岗警世泱。
科研原创竞先导，
教学高端营栋梁。
久历危亡促奋起，
复兴民族前景彰。

一九五三年毕业学子熊明 庚寅秋

清华大学校庆时回访当年建筑系所在之清华学堂前（一九九〇年）

我的三位老组长

公元1957年『十一』前夕，我随民用建筑设计院合并到北京市建筑设计院，被分配到第三设计室。总建筑师杨锡镠亲自把我介绍给秦济民组长。

第一位组长——秦济民建筑师

杨总对我说秦工水平高、效率高、质量好，多年来领导设计小组获得多项荣誉，每个月奖金都稳居全院第一名。秦组长非常谦虚地对我说：『你是我们全组第一位研究生，请多用心，发现什么问题或有何建议，可随时向我提出以便改正，帮助小组工作得更好。』他是我在北京院的第一位组长。秦济民组长早年在上海顾鹏程建筑师事务所工作，1950年随顾总来京，进入公营永茂公司。在他早年设计的许多工程中，最有名的是陶然亭游泳池和工人俱乐部，前者供公众游泳，是首次出现在古城北京的大众游泳池，后者功能复杂，规模巨大。两项工程都深受市民欢迎，得到了上级的赞赏。

秦工分配给我的第一项工作是设计北京食品厂的果酱车间。当时我研究生毕业，搞科研尚可，也不怵创作建筑方案，但施工图却从未接触过，可以说一窍不通。可是我缺乏自知之明，画好的第一张图是首层平面。需要表明的问题很多。我把平面布置在图纸中央，除注明轴线尺寸、墙垛和门窗洞尺寸、墙厚尺寸及其与轴线的关系尺寸，还有总尺寸，所有尺寸都表示得很清楚。我还按工艺布置好室内排水沟网及其坡度、走向、位置尺寸，图纸上画得密密麻麻。此外，墙垛及角部凸出凹进的线角在1:100的平面中，不可能表达清晰。于是，我将它们用虚线引出至图的周边，加以放大，像一个个圆形气泡一样，细节不但画得清清楚楚，而且尺寸标注得一个不少，图面颇为美观。墙身截面及投影线粗细分明。门窗尺寸及数量、材料做法及说明使用仿宋字体。加上图表方正，条理清晰，整个图面清秀醒目，均衡匀称，像是张精心创作的艺术品。之后，又经过自审、合作制图同事的互审，费时三天的杰作，我们想着必定会得到赞扬。我们将全部图纸整理得井然有序后送秦工审阅。秦工下要照顾全组的工作，上需执行上级的指示，要参加各种会议，还要学习以及应付业主，一般晚上都加班。他收到我的图纸后，当晚仔细审查。那时没有计算器，全部数字他都用算盘逐个核对，第二天一早上班他将返回给我。他没有多说话，只说『你仔细看看，有的地方也可能我搞错了』我接过图纸翻开一看，不禁瞠目结舌。图上铅笔画的到处都是『叉』，几乎一片灰黑。各种错误：尺寸、数量、做法、构造，以及用料不当，大小样不符，说明有误。他不但指出问题，而且详细地写明正确的数字和做法。他指出的各种问题及改正的图样和说明比我原来所表示的内容竟然还要多。我唰地一下满脸通红，全身透汗，不敢说话，埋头按照组长的指示加以修改，一项项认真进行。那时图纸都是用的硫酸纸，用鸭嘴笔和小钢笔绘制和书写。改错时要用刀片轻轻刮去错误之处，再用橡皮打毛，然后重新画好。经过连夜加班，一一更正，天已大亮。清晨上班前，秦工早于所有同事第一个来到工作室，看过放在他案上已经修改好的图纸之后，脸上露出了满意的微笑，走到我案前轻轻地对我说『修改得很好，可以发出去了』，又关心地问我：『加班一整夜困了吧，快回家去睡觉，给你一天假。』还敦厚地嘱咐我：『以后有不明白的地方，先不要往图上画，可以先找我或其他同志彻底搞清楚再动手。』经过组长这次调教，我算是通过了施工图的考试，以后再主持工程时就得心应手了。这次深刻的教训让我真正明白：光是理论上认识的东西，自己不一定真正理解，一定要在实践中学习，虚心向周围的同事学习。

此后，我自己当组长、主任建筑师、总建筑师或院长时，每次对新参加工作的年轻同志讲话，都详细地向他们讲述这一段经历，希望他们吸取我失败的教训和成功的经验；希望他们对工作认真负责，千万别重复我的错误，勉励他们在实践中学习，真正理解恩格斯所说的『自由是对必然的认识』这一名言。只有掌握了施工图的规律以及一切相关技术，才有创作的自由。

还有一件对我后来发展极有影响的事不能不提。当秦工给我布置第二次任务，设计位于工人体育场西北角的工人体育馆时，他同时将杨锡镠总建筑师的草图交给我。我当时不能理解为何如此，难道他对我这个清华大学研究生的创作能力还有怀疑吗？当时我年轻气盛，自命不凡，哪受得了这样的委屈。不管人家怎么看，我完全按自己的理念做了一个方案，即沿比赛场地两侧布置较多席位，而两端席位则较少。这与传统的四周环绕同样多坐席的惯例有原则性的区别，对观众的视觉质量、视线距离以及结构跨度和建筑造型方面都有很大影响。秦工一看就微笑地告诉我：『先按杨总的草图，放大比例尺正式绘出，呈杨总审阅，同时附上你的方案。』我明白这是要缓解矛盾，当即照办。图纸送上后，杨总采纳了我的意见，并在场地一端加了个舞台，丰富了使用功能。我又翻遍国外杂志，找到一张活动折叠看台的照片。沿场地周边布置活动看台，这样便于在演出时，在比赛场增加观众席位，使方案更加灵活。业主对此非常欣赏。结果是杨总、秦工和我皆大欢喜。这件事促使我更加开动脑筋，充分发挥创造力，同时也受到了很大的鼓舞。

秦工后来领导北京地区建筑设计标准化工作，对标准图研究和设计做出了巨大贡献。赞曰：

智多识广志更牢，
谦虚待人心胸豪。
耄耋有幸逢盛世，
犹念标准图纸劳。

秦济民

第二位组长——孙秉源建筑师

孙工从小跟随杨总参与了多项工程设计。最知名的有上海百乐门舞厅、北京太阳宫体育馆。前者是当年上海最高级的舞场；后者即国家体委体育馆，又称北京体育馆，观众席位达6000个，是一九四九年后我国新建的第一座，当时北京乃至全国最大的体育比赛馆。这两项工程都是由孙工主持设计的；此外还有苏联展览馆露天剧场加屋盖及舞台改造、台口装饰等许多项目。他配合苏联建筑师完成了苏联大使馆的设计后，又回到三室。小组重新调整后，我有幸分到孙工名下。当时我国乒乓球选手荣国团获得第25届世界乒乓球锦标赛男单冠军。国际乒联决定第26届世界乒乓球锦标赛一九六一年在中国北京举行。这是在新中国举办的第一次世界级体育比赛。我国当即成立组织委员会，并决定新建一座按当时比赛要求，能同时容纳10张球台进行比赛的体育馆，观众席位约需15000座。因此，当时我正在设计和已经施工的北京工人体育馆已建好的基础立即停工，并被掩埋。相关部门决定在市规划局选定的较大用地，即工人体育场东边的一块独立地段建设新馆。沈勃院长决定仍由我负责重新设计。在方案设计过程中，除杨总指导外，孙组长也给我许多帮助，提供相关资料，鼓励我大胆创作。我按照比赛规则，选定比赛场地尺寸及各种有关参数，并按视觉质量均衡原则绘出圆形的观众厅。当时，我在国外建筑刊物上查到一九五七年布鲁塞尔世界博览会美国馆采用了新型的悬索结构体系，非常适合大跨度大空间的体育比赛馆。我做出完整方案，院长携同我向国家体委和市政府领导汇报，由于该结构体系就像一个平放的车轮，抗震效果特别好，结构总工程师朱兆雪、杨宽麟对方案也都赞同，市领导反复嘱咐『安全第一』并拍板定案。采用正圆形及悬索结构。我们按杨总的视觉视线设计参数绘制了平面和剖面图，这些都得到了孙工的悉心帮助。

该项工程是国家重点工程，当然由资深建筑师孙工主持。他很重视，安排多位同事帮助我深化设计。杨总指定各专业组长合作。孙工还是第三设计室的大组长，实际上相当于主任建筑师，对我的工作非常照顾。他完全按照方案创作构思的意图组织各专业协作，保证一切顺利进行。该项目规模大而且功能复杂，时间又紧，因而实行『大兵团合作』。我虽然已有上次的经验，但还是感觉压力很大。在孙工的精心指导、帮助和协调下，项目进展顺利，我们高质量地按时完成了施工图。其后，工地技术交底、建材选用、悬索锚具、空调高速喷口系统的测试，累次试验鉴定，孙工都不厌其烦地陪我进行。这一系列困难，至今我回忆起来还感到后怕。当时我研究生毕业不到两载，年仅26岁，要完成如此巨大、重要、有国际影响力的工程，如果没有杨总和孙工的指导，真是不可想象，即使再好的机遇，我也难以完成。该项目按计划准时完工，迎接了第26届世界乒乓球锦标赛顺利进行，获得了国人的称赞和世界的盛誉。《中国建筑学报》对此还发表了专刊——《新型的北京工人体育馆》。这一切都铭刻着沈勃院长、杨总和孙工对我的信任。这让我永难忘怀。孙老为人谦和大度，安享高寿101年，堪称人瑞。赞曰：

经验丰饶技艺高，
新人调教不禅劳。
谦和大度身心健，
鹤寿松年乐逍遥。

孙秉源

第三位组长——刘开济建筑师

刘工一九四七年毕业于天津工商学院建筑系。该校与法国教会渊源颇深，故刘工不仅精通英语且通晓法语。20

世纪80年代改革开放之初，北京市副市长率市政府代表团访美，考察城市建设。沈勃院长和张开济总建筑师推荐刘工为团员兼翻译。名为翻译，其实因只有他一人通英语，故所有外联、参观、交通及生活都靠他安排，特别是和外国城市当局建筑师交流，专业和语言交流都非他莫属。归国后，代表团对他评价甚高。后来，刘工又应美国有关大学邀请进行学术交流，与后现代主义在建筑界的首倡者罗伯特·文丘里交往颇深。这些只是作为背景资料介绍。

一九四九年以前，刘工在北京的私人事务所设计过不少工程，其中最有代表性的是建国门内的一幢两层办公楼（后来归中国科学院社会科学部使用）。该建筑最能体现刘工的设计风格，简洁清新，是当时少有的具有现代风格的建筑。进入公营永茂公司（北京建院前身）第二设计室后，刘工深受张开济总建筑师的重用。由他主持设计的全国总工会办公楼高八层的砖混结构，在当时可算是北京最高的建筑。其位于复兴门外大街路南的木樨地段，具有地标性质。

1959年，刘工在当时国庆十大工程之首的人民大会堂工程中，负责设计东门入口、门厅、大厅、休息厅、西边的一个会议厅、三层的小礼堂，直至大会堂的入门为止。这些项目功能繁杂，设计责任重大。图纸设计完成后，他来到三室，我有幸结识他。当时组长仍然是孙秉源，刘工参加了工人体育馆的设计。他这样一位著名的建筑师竟然来协助我工作，令我受宠若惊。我猜想这是领导特意安排的，我完全理解领导既放手使用年轻人，又担心任务过重，怕我承担不了的善意之举。

刘工为人谦和，我以他为师，他待我似友。他主动绘制表现图和外墙详图。有关的设计问题，他决定前总是主动征求我的意见，发现错误则极为缓和地提出，倒让我过意不去。相处时间长了，我才慢慢习惯。他和我都上过教会学校，在建筑艺术上有共同语言，我们彼此的理解日益加深。工人体育馆设计完成后，我又被派驻工地，负责解释图纸和参与施工质量的管理。工程完成，世乒赛胜利结束后，我才回到三室，被分配到刘开济领衔的设计组，并担任副组长。其时正逢北京大力发展半导体产业，要建设新厂房，厂房由刘工负责设计。该厂是由许多街道小厂合并而成的。刘工不厌其烦地亲自走访分散在市内各区乃至市郊的相关各厂，与有关人员和街道的大妈们打交道，研讨生产流程、工艺设施和详细要求等。那时北京工业落后，半导体生产工艺更处于萌芽状态，厂方往往自己都弄不清楚，还需刘工提出设想，再共同研讨，真是令人身心疲惫。我至今还记得，十分重视穿着的刘工当年花费33元（至少相当于现在的3300元）买的高级牛皮鞋，为调查研究而奔走，将鞋底都磨出了洞，真让人大为感叹。不过由此也可以看出刘工对工作十分认真负责。他是我们年轻人的榜样。又如地质图书馆，位于阜外大街与展览路十字路口的东北角，经过同样缜密的调查，精心安排，多方比较，反复推敲，在刘工一贯艺不惊人死不休的设计追求下，最后达到功能完备、技术合理、形象简朴。外墙一色的灰砖，既经济又突出文化品位，十分符合图书馆的性质。其建成后又是一幢地标，不少行家去参观，众口一词皆赞扬。

另一项设计是古巴抗美胜利纪念碑。那是国际竞赛项目。我们共同搜集和研究相关资料，冥思苦想，刘工提出一个极好的创意，令人赞叹。我们当即着手深入设计，绘制图纸。我深知刘工十分重视这个设计，体会他像珍爱自己的孩子似的重视这个方案。但他还要全面照顾小组的各项设计工作，故让我负责该项方案的全部设计及绘图工作。我十分钦佩他顾全大局的高尚作风，也深深感谢他对我的信任。

学术和工作上的知音必然友情融洽。有个夏天，他邀请我到他家去做冰激凌，那时市面上还没有这种『奢侈品』，我也久忘美味，故欣然应邀。岂料一九六四年『四清运动』中，他竟然被诬为『搞小集团』。此后我被调离三室，与其交往逐渐疏远，直至『文革』还有大字报『揭发』此事，真让人哭笑不得，只有而已而已。

阴霾过去，改革开放来临，我们又重新交往。那时他被任命为院副总建筑师，负责设计昆仑饭店工程。他与周治良副院长率团赴美参观调研并商讨与美国建筑师合作。据传访团名单中包括我。但因当时我正主持设计中国银行总部办公楼的项目，那是新中国成立后新建的第一幢银行大楼，位于二环路和阜成门大街相交处十字路口东南角，位置十分显要，而且楼高80米，是北京西城最高的建筑，具有地标性质。在国内，这个项目首次采用框筒结构，首次采用外墙干挂花岗石，首次设置自动报警自动控制系统。主楼中穿插设置了两层餐厅、厨房，裙房有营业厅、200席位大会议厅及利用其斜坡下空间设置的两层地下车库。工程繁杂重大，故我未能随团前往。半年后他们回来，我的设计也近尾声。周、刘邀我主持昆仑饭店设计。因为刘工身为院总建筑师，许多项目需他指导，内外会议又极多，故难以专注于一个工程。以周院长、刘工与我交往之深，当然我也不能推辞。同时，当时高级宾馆多由国外建筑师设计，所以我也就欣然承担起第一次由中国人自己设计五星级标准外资旅馆的设计任务。

1986年，我被任命为北京建院总建筑师，承担一项国外的体育公园规划设计任务。无独有偶，我也无法专注于一个项目，自然请刘工负责指导第三设计所做这项设计。他也同样是不吝伸出援手。其时刘工年已花甲，仍不辞辛劳，远赴非洲，亲临现场，调查研究，与业主磋商，真是劳力伤神。当然，任务出色完成，深得外方赞赏。我也在此聊表衷心感谢。

前些年刘总罹患癌症，幸发现及时，医治得法，多方食疗，不意间竟成美食家，遍尝京城美肴、中西佳味，大快朵颐，亦人生乐事也。赞曰：

学富五车素养修，
才高八斗功绩优。
温良恭俭世无争，
美食京城秉烛游。

几十年过，回想往事，三位组长都是我的良师益友。我对他们深怀感恩之情。如今孙老、秦老都已仙逝，刘总已逾米寿。我自己也初入耄耋，山青水长，不遗不忘；地老天荒，无愧无惶。

文洛

刘开济

我知道的宋融

第一次见到宋融是在北京建院南口农业生产基地。那是国家经济困难的1961年9月，设计室的同志们都轮流到那里参加约半个月的短期劳动。我们到达的第一天就在烈日下汗流浃背地挖白薯。总算到下班，把从地里挖出的白薯用小车拉回住地后，大家都急不可待地灌下一碗凉水，坐下休息，放松疲惫的身体，让黄昏的凉风吹干汗湿的背心，等着用咸菜就窝窝头填那饥肠辘辘的肚子。我不经意间看见从一个土堆的洞口伸出一双瘦弱的手臂托着一簸箕土，紧跟着露出一个小脑袋。这个人把土倒在土堆边之后又缩回去了。从那一大堆土可以看出，洞里的人已经辛苦地挖了一整天了。等那脑袋再伸出时，我朝他喊了一声，还不快出来吃晚饭。他咧了一下似笑非笑的嘴，倒完土后又缩回洞里。这时旁边有人轻声对我说，那是宋融，『右派』都在那里挖地窖，准备储存白薯。在地下挖地窖的劳动强度要超出在地面挖白薯。事情虽然过去了五十多年，但想起当年宋融那似笑非笑的咧嘴，至今仍让我心酸。

真正和宋融接触是在1965年初，我由当时的第三设计室调到他工作的第二设计室。虽然那时人们对『摘帽右派』还有些看法，但我和宋融接触却融洽无间。我们工作之余一起说笑、下棋、玩扑克。显然人们心里都同情他。当时为设计北京首都体育馆，院里组织在各设计室征集方案。领导指定宋融和我一起做方案应征。我对建筑设计是一个理想主义者，追求尽善尽美。可是限于当时的历史条件，有各种各样的束缚，在建筑造型方面只能四平八稳，功夫都用在力求功能完善和技术先进方面。宋融虽然以前没有接触过大型体育比赛馆的设计，但只要我提出需要解决的问题，有的是非常苛刻的要求，他都能给出合理的安排和处理。特别是我为自己提出的一个又一个相互制约、各有利弊、难于取舍的问题苦恼时，宋融往往都能别出心裁，一次又一次找到适当的解决办法，充分显示出他那扎实的基本功底和灵活的思维方式。这让我由衷地佩服。

『文革』结束后，宋融的才华得以在工作中充分展现。他在标准设计室担任主任建筑师时，打破了『多层住宅标准图』延续了20多年的『一梯三户』的传统模式，制造了『一梯二户』的新格局。这样，不仅每户都有良好的日照和通风，而且可以把户内的窄过道改为一个可供灵活使用的小厅。从表面上看，一个楼梯只供两户，似乎增加了每户分摊的交通面积，其实是把每户内部过道的纯交通面积改为有效的使用面积，两相抵消，并不增加交通面积。这为后来住宅设计的灵活变化开了个好头，打破了北京建院住宅设计领域的僵化思想，宋融功不可没。

其后，宋融在担任总建筑师期间，带领集体完成的北京亚运村项目有口皆碑，成为北京新的旅游景点之一。他勇于创新、不断前进的精神，永远凝铸在他的作品中。

赞曰

天生乐观笑开怀，
无悔无怨亦不哀。
深交始知斯人妙，
才高艺巧人和谐。

文洛

宋融

纪念张德沛学长

1950年，我从上海考入清华大学营建系。第一次进入系馆，我就看见了挂在墙上的学生作品，其中一张水彩画让我羡慕不已，经询问方知那是本系第一届毕业生张德沛学长的作品。从此，这幅作品及其作者的名字就深深地铭刻在我心中。

1957年，我研究生毕业，被分配到城建部研究所，之后又随该部建筑设计院合并到北京建院三室。这时，我仍无缘结识在一室工作的张德沛学长，只是再次看到他为友谊宾馆设计的大礼堂及其建筑效果图，这又一次让我仰慕之至。直到1965年设计首都体育馆工程时，我才有幸和渴望结识已久的学长张德沛在一个设计组工作。张兄任主任工程师，我为设计负责人。该工程规模宏大、功能多样、技术复杂、工期紧迫，更困难的是要满足体操、篮球、排球、16台乒乓球等多种比赛的要求，特别是室内滑冰场在国内是史无前例的，不但本身构造技术是大家从未接触过的，完全缺乏资料，而且和其他各种比赛场地完全不同。球类比赛要求地板为木地板，体操比赛需要搭台，需要考虑怎样和人造冰场转换，实在是困难重重。为此，不仅需要带领各专业协同设计，还需要进行多项技术研究，如人造冰场、机械拖动大面积活动地板、场地面积可变换的活动看台、大跨度金属结构、大面积金属防水屋面、大面积防火顶棚、大空间静风空调、高照度低温照明等。设计组各专业全体成员齐心协力，辛勤钻研，并与有关科研单位协作攻克重重难关，经历了长达两年的精心研究、精心设计和配合施工，终于圆满地完成了国内首个室内人造滑冰场及可供各类综合大型体育比赛、可与国外同类建筑媲美的现代化的体育建筑。当时，国家领导人亲临现场将之命名为首都体育馆。首都体育馆工程最终获得1978年第一届全国科技大会奖。其经过50余年的实际使用，证实当时的设计功力非凡，不负众望。若按中国的习俗论功行赏，功劳最大的首推张公德沛。他以身作则，团结全体同事，呕心沥血，日夜劳神，不问名利，无私奉献，体现德艺双馨的最高境界。历经几年合作，我极度钦佩他的崇高精神，并与之结下深厚友谊。

此前，张工曾参与为中央直属机关五位书记设计的小住宅、友谊宾馆、十三陵水库等重要工程，并在十三陵水库建设中做出了重要贡献，此后又指导并亲自参与首都宾馆、国家行政学院、交通部办公大楼，主持北戴河国务院会议中心及其宾馆、别墅等项目的设计。直至离休后，张工仍被尊为中央直属机关事务管理局高级专家顾问。张工从业以来受到过多次表彰，获得过多项设计大奖。

值此纪念抗日战争胜利七十周年之际，同样不能忘记的是，张工在抗战时期，响应『一寸江山一寸血，十万青年十万军』的号召，热血沸腾，投笔从戎，参加青年军，抗击日寇，保卫祖国。抗日战争胜利后，他随西南联大返回北京清华大学，攻读建筑学，并积极参加学生运动，『反饥饿、反迫害、反内战』。他加入民主青年联盟，为民族解放、为建立新中国奋斗。新中国成立后，他投身首都的建设事业，最终为首都的建设和发展奉献了一切。

赞曰

惊悉师兄骤西行，不禁伤恸泪珠盈。
当年报国从戎去，今日为民建筑营。
勤奋钻研技精湛，尽兴挥洒艺高明。
京城建设耗心血，碧水青山功永铭。

张德沛

怀念曹学文学长

1957年初，我从清华建筑系研究生毕业，被分配至城建部研究院，9日随民用建筑设计院合并至北京市建筑设计院，在杨锡镠总建筑师领导的第三设计室工作。

1959年国庆八大工程中与民族宫相伴的民族饭店，由张镈总建筑师领导的曹学文建筑师负责设计，是当时比较新颖的建筑形象，但我仅知曹学文其名，不识其人也。

1961年，经济困难时期，建筑设计工作较少，院领导抓紧空期，举办学习班，对技术人员进行培训、提高。在建筑设计方面，我们主要学习『小区规划』，特别是我们比较陌生的『竖向设计』。在政治思想方面，我们则主要学习『实践强』，端正世界观，树立正确的思想方法。曹学文建筑师与我正巧同一期学习，半年多的相处交往，我深感曹君秉性仁慈、禀赋睿智、处事严谨、待人坦诚，我们意气相投、惺惺相惜，遂成良友。

曹君不但精通建筑设计业务，而且爱好多面，尤其篆刻。观其刀法，近似白石，探问之下，果然是齐门入室弟子。曹君工作之余，篆刻多枚闲章，『厚德载物』『宁静致远』『冰冻三尺非一日之寒』『安得广厦千万间』，寓意深远，赠余互勉。

1972年我从下放工地回院，被派至新三室（由原五室大部分人员与调入人员组成），其后与新二室（由原二室大部分人员与三室成员合并组成成立第一设计所。此系后话）。我正巧与曹君各自担任设计组长。曹君首重团结、民主管理、要求严格、优质高效，多项设计获高奖，多年被评为先进设计组。

1987年，曹君调任技术管理处主任建筑师。任务是宣教推行国家设计规范；探索提高设计管理规程；清查设计缺陷及错误；推荐评选优秀设计，工作繁多、任务重大。尤其是推荐评选优秀设计项目时，他必亲身走访各设计院申报的候选项目，实地调查使用中的成果与优点缺陷，识别良莠，提供建议，组织院技术领导人进行研讨。最后经院技术委员会讨论，评定多级奖项，真正做到全过程公开、公正、公平，成果彰显，毫无异议。尽管曹君年龄偏高，身体稍弱，但他不辞辛劳，普遍走访，预选推荐之功至巨也。予诗赞曰：

仁慈睿智质资豪，
严谨坦诚风格高。
篆刻高超齐室弟，（齐白石入室弟子）
公平严谨不辞劳。

文洛

现已拆除的北京市建筑设计院老楼前
（左起：曹学文、杨希文、陆世昌、熊明）

赞吴德绳老友

潇洒诙谐雅谱飏，
才高识广两肩挑。
节能低碳知深挚，
再创新功不惮劳。

吴德绳

赞玉如、亭莉学弟

吴诗何书，
地设天成。

辛卯春　文洛

与何玉如、吴亭莉合影

赞马国馨学弟

温良恭俭马院士，
尊老敬贤待众和。
视野开阔学问专，
扶持后进费蹉跎。

甲骨文书写
庚寅　文洛

与马国馨合影

赠吕品晶学弟

吕氏三雄皆英豪，
伯兄艺术理论高①。
仲君雕塑造型美②，
季弟天份亦楚骁③。

文洛

① 大哥吕品田系国家艺术院研究员、院长。
② 二哥吕品昌系雕塑家，曾任中央美术学院造型学院教授、院长，现任景德镇美术学院院长。
③ 吕品晶，同济大学硕士，1989 年来北京建院工作，后转中央美术学院创办建筑学院，现为中央美术学院副院长。余曾应中央美术学院邀请主持其博士答辩会。

左起：吕品晶、吕品田、吕品昌

赞朱小地

德才兼备修行高，
又专又红双肩挑。
建筑创新为社会，
功劳不计乐淘淘。

文洛

与朱小地合影

赞徐全胜

才智不凡大作品，
创新探索具真知。
引航全院求化蝶，
继往开来业绩辉。

文洛

与徐全胜合影

赞王泽远

勤劳工作未邀功，
物业护持不放松。
亲切待余如兄长，
为民服务永铭衷。

乙丑初　文洛

赞张宇

谦和脱俗涵养高，
聪慧守拙业绩超。
引领同行自表率，
创新温室立功劳。

文洛

张宇

王泽远

赞曹晓东

专长结构英语用，
翻译言谈两顺通。
中外公关皆美誉，
营销市场勤有功。

乙丑夏　文洛

赞刘彤

年轻聪慧自大方，
位重权高不张扬。
敬业紧随领导意，
为民服务任翱翔。

文洛

赞魏嘉

兢兢业业作风勤，
岗位坚持无重轻。
服务人民任劳怨，
艰辛学习业务精。

乙丑初　文洛

赞赵燕萍

敬老尊贤真性情，
任劳任怨工作勤。
聪明干练仪态稳，
众口赞扬温柔心。

乙丑夏 文洛

赞杜松

恢宏建筑临海滨，
欣喜博鳌会嘉宾。
杰作非凡融中外，
知谁原创费耕耘。

文洛

赞文跃光

文君构思手法强，
建功立业实辉煌。
空间创意诚出色，
管理和谐经验扬。

戊子 文洛

与杜松（左）、文跃光（中）合影

赞李承德

家学渊源继世长，
质朴勤劳敢担当。
精良技艺意境醉，
谦逊待人美名扬。

乙丑夏 文洛

与文跃光（右）、李承德（左）合影

赞金卫钧

三军之首近卫军①，
设计创新快手君。
绘画江山真善美，
赠余水彩挥洒洇。

文洛

① 第一设计院金卫钧、党辉军、解军被戏称『近卫军』『解放军』『党卫军』。

金卫钧

赠宓甯学娣

宁为鸟首舍凤尾，
构思周全视野宽。
营销管理面面到，
精心原创营恢宏。

乙丑夏　文洛

赞刘淼

赵总赞称好学生，
规划设计皆善营。
才情不菲追原创，
不负众望笙鼓鸣。

文洛

与刘淼（右）合影

赠金国红学弟

才高年盛活力冲，
典雅清新勤有功。
构思现实氤浪漫，
天然原创意料中。

国红学弟指正

乙丑夏　文洛

赠由扬学弟

景观创作业绩良，
中美合资『优地』忙。
招揽人才实不易，
精英引领显锋芒。

乙丑夏　文洛

与由扬（左）合影

与宓甯、金国红合影

赞肖筠

谁说女儿不如男，
英伦留学不畏难。
精修外语知识广，
何况天才伴红颜。

文洛

肖筠

赞离退办

天使团队不惮烦，
地置柴扉御风寒。
人众刘郎问冷暖，
和谐蹒跚不畏难。

谢刘笑楠君赠余曼联围巾

曼联围巾红如画，
球艺高超粉丝夸。
足下弯弓射门入，
余欢君笑梦天涯。

赞赵楠

潇洒才俊不需夸，
蕴涵睿智资质佳。
人间漫道晚情重，
谦和搀扶影已斜。

谢金磊、苗淼

为余编辑作品选，
页改添加不怨烦。
纵染『新冠』阻滞久，
终将意念付梓刊。

与金磊、苗淼工作

赠赵利国教授

两岸隔别年时久，
惺惜同倡互交流。
建筑友朋欢聚会，
前嫌不忌泯恩仇，
五湖四海共遨游。

庚寅夏　文洛

熊明（左一）与同济大学教授罗小未（左二）、美籍华人建筑师赵利国（左三）合影（一九八九年，曼谷，中国两岸第二次建筑学术交流会）

步香港潘祖尧建筑师

隔水隔山心不异，
同声同息致谐和。
欣逢靓丽前行远，
报国精忠共此生。

戊子（二〇〇八年）春节
文洛于北京

香港著名建筑师潘祖尧

怀念老友刘茂楚

顷接刘女来电，证实其父噩耗，顿时泪下，心疼至极，久难释怀，乃苦吟之。

巨庐峰下旧乡坊，
扬子江滨共蕈浆。
溢浦同窗序棠棣，
金陵挚友循雁行。
经书文史皆修习，
骚赋诗词齐擅长。
仁爱宽容性本善，
真诚幽默智益彰。
沧桑屡历重欢聚，
祸难久经又否臧。
『浩劫』将临遭遣别，
大灾骤降逼极殇。
心潮阵阵悲辞世，
泪湧涟涟痛断肠。
梦牵魂萦祈谧息，
云开雾散任翱翔。

癸巳酷暑　文洛

悼刘茂楚

同学同行同志趣，
艺术文学同喜爱。
共福共祸共患难，
『鸣放』『浩劫』共守拙。

九江同文中学一九四八年毕业老同学
辛酉秋（一九八一年）于北京

刘茂楚

周应鹏老友『耄耋感怀』

莫道人生不自由，
百年几个可齐头。
迷茫得失塞翁马，
熙攘贤愚孺子牛。
恬淡虚无静里取，
清风明月闹中求。
烦来极目东陵望，
康乾曾经拥九州。

长相思

寄挚友

章水流，
贡水流，
流至江州无尽头，
少时不识愁。
浦水流，
京水流，
聚短离长恨不休，
月明春复秋。

辛卯冬　文洛

奉和老友

几经坎坷追自由，
历尽艰辛方出头。
不做权贵车驾马，
愿为尘俗笔耕牛。
追名逐利恶强取，
养性修身善好求。
耄耋暇思回首望，
元戎功勋盖神州。

甲午夏　文洛

中央美术学院建筑学院惠存

艺不惊人死不休，
笔难称世生难化。
顿悟思维催灵感，
文创精神植奇葩。

庚寅 文洛

（此诗为甲骨文书写）

赠雲扉

昌平农村骤然见，
历劫下凡惊未言。
质朴纯洁修养净，
清娴飘逸气度先。
相知渐进敬高士，
交谊随深尊淑贤。
雨过天晴彩虹现，
天长地久依旧妍。

庚寅新春

赞谢秉漫

昔年红笔尖，
今创数画通。
科艺相辉映，
协和美感同。

庚寅冬 文洛

赠朱训礼

汝耕累赞君学显，
相识如初非等闲。
气盛才高追子建，
狂傲白眼比阮贤。

庚寅春 文洛

赠自慎老友

六十二年久别离，
古稀相聚乐似饴。
深幸彼此皆康健，
更祷诸朋福寿齐。

庚寅酷暑 文洛

『荷叶杯』

寄老友

一夜梦魂不定，
倾听，
似悲鸣。
雨声淅沥紧相伴，
肠断，
惜前盟。

乙丑秋 文洛

赠安学同老友

深交卅余年，
知君笔下莲。
学童齐鲁子，
挥洒效先贤。

庚寅夏 文洛

『潇湘神』

寄老友

风浪平，
风浪平，
但望风过波涛宁。
重供晓兰香馥沁，
月明夜静看双星。

乙丑秋 文洛

赠锦炎

久处苑乡稳，
偶莞华露韶。
纵使芳泽近，
却似路径遥。
日日魂幽梦，
年年肠断谣。
无情寒露逼，
长叹五更萧。

庚寅秋 文洛

霜天晓月

寄学辉老同学

银溪流水，
白茫茫润美，
迤逦奔流远去，
终不断，
迴全异。
忆当年棠棣，
念相互砥砺，
叹甲子分离晦，
明月夜，
期同醉。

乙丑秋 文洛

『阮郎归』

寄婧姐

自天涯海角归来，
思故人满怀。
几番欲诉又徘徊，
有口张不开。
终年叹，
整日猜，
心灰意懒哉。
梦魂相拥益增哀，
堪慰终得谐。

乙丑秋 文洛

『醉太平』

欣逢盛世寄洛斯老友

墨香漾漾，
书声琅琅，
望蓝天白絮飘荡，
聆微风咏唱。
眼光洒林间山旁，
闲来醉卧心神爽，
唯师友难忘，
盼别来无恙。

乙丑秋 文洛

革命前辈冯佩之同志赐诗步韵奉和

梁门子弟，
为民报国，
不敢言才，
微功难载。
标新立异，
区区寸心，
瞻望未来，
感恩永怀。

己丑夏 文洛

北京市规划局原局长冯佩之

神交

神交多年名久仰，
聆君笑谈益清畅，
宁静致远铭书斋，
江水长流谊永长。

笑天学长指正

乙丑夏

赠侯光瑜老友

友朋相聚道吉祥，
双塔钢框研究忙。
论叙多篇海外表，
结构专家不张扬。

乙丑夏

一九八九年国庆游园会与侯光瑜总工程师游中山公园

七律赠葛玲

玲妹袅袅舞甘棠，
游兴竟比昔日强。
重逢老友笑忍泪，
唱和故人慨而慷。
进军全国英雄志，
舍弃书包去红妆。
姐妹当年同入伍，
同窗今夕尽欢翔。

乙丑夏

五律 小妹

小妹貌比花，
眼波流异华。
心情难掩饰，
思念长牵挂。
夜夜难入梦，
日日愁似麻。
天赐今日聚，
拥吻面如霞。

乙丑夏

奇遇

为做新装遇奇葩，
秀外慧中创作华，
芳菲演艺人皆赞，
相逢恨晚知音佳。

含英女士指正
乙丑夏

卜算子 咏梅

大雪漫天飘，
月色如霜撒，
雪积冰冻竹子弯，
梅花纤蕊芬芳姹。

枝梗硬铮铮，
纯净光华射，
不怕狂风暴雨摧，
自在开田野。

戊子初春（二〇〇八年）
于北京

汶川地震

天崩地裂兮涛水蹇流，
岩动山摇兮烈火焚稠。
鸣雷闪电兮大雨滂沱，
飞沙走石兮狂风怒吼。
后羿射日兮乌云密布，
共工触山兮房屋尽休。
日暗月晦兮天公同悲，
莺涕燕泣兮地母共愁。
车装船运兮奔赴灾区，
人命关天兮紧急援救。
主席号令全国兮哽声颤抖，
总理亲临现场兮热泪盈流。
兵如潮，人如涌，
军队民众齐心兮奋力拔山，
域外境内联手兮意气吞虹。
有力出力兮有钱出钱，
多难兴邦兮献爱殚衷。
君不闻亲娘屈体保婴儿，
君不见严师展肢护幼童。
髫龄稚子感恩兮行军礼，
幼童班长仗义兮救友朋。
噫吁呼，
大道无涯兮大爱无边，
我心戚戚兮展翼向前。

戊子夏初（二〇〇八年五月十五日）
于北京 文洛

汶川地震（组图）

沁园春 敦煌

敦煌 鸣沙山

尘霭临空，
阴霾遮日，
热沙埋荒，
看冈峦绵逶。
山坳缺树，
丝绸路毁，
月牙泉亡，
戈壁胡杨，
残干朽败，
梦里何曾见月光。
醒来叹，
只身徘徊外，
不识何方。

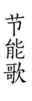

江山几时清泱，
左公柳①，
叶繁荫凉爽，
翠鸟鸣婉转。
湖深水漫，
嫩青牧草，
遍野牛羊，
读书声声，
赏心悦耳，
久远文明岂自扬。
欢笑兮，
推亚非同享，
真个欢畅。

戊子夏（二〇〇八年七月）于北京

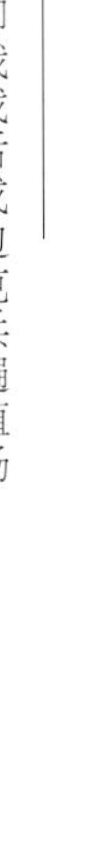

① 昔年左宗棠平西御俄战后戍边屯兵遍植杨柳，民众呼之左公柳。

敦煌

节能歌

节能减排生态溶，
天地人和第一宗。
碧绿江湖鸟喜栖，
蓝天高远人乐融。

乙丑夏

喜迎奥运

二〇〇八聚京华，
体育明星如到家。
舞动北京圆好梦，
和谐世界迎晨霞。

戊子夏（二〇〇八年八月）
于北京

二〇一〇上海世博会

梦想百年盛世行，
沧桑历尽始安宁。
国强民富和为贵，
广聚嘉宾不夜城。

庚寅秋 文洛

足球世界杯

小小足球圆又圆，
输赢不测各悲欢。
兵家胜败皆常事，
恰似星辰尽转圈。

唐寅夏 文洛

谢何镜堂院士赠作品集

承赐大作实感怀，
丰华精湛视野开。
高峰标志世博会，
传统创新融和谐。

庚寅秋 文洛

何镜堂

游樱桃沟

幽谷激流涌赤心，
顶峰号角凄厉声。
当年热血一二九，
泪自沸腾祭烈英。

庚寅冬 文洛

咏中国馆

辉煌历史五千载，
灿烂功德三十年。
门架高昂热血染，
平台广阔浦江联。
传承风貌谱新曲，
时代精神氲旧缘。
民族复兴自信展，
大同世界和占先。

庚寅秋 文洛

上海世博会中国馆

感恩寄涌采桑子

父母生养姑教训，
国家恩深，
人民恩深，
师友同窗尽知音。

春晖难报万千重，
创作情真，
诗画情真，
皆自区区寸草心。

乙丑夏初　文洛

九一八

一曲松花江，
悲歌传世唱。
涵无限眷恋，
蕴不尽凄凉。
积愤狂风吼，
蓄仇烈火扬。
复兴意气盛，
民族血性昂。

庚寅　文洛

全民抗日

一九三七年，
悲凄莫能言。
空中铁弹扔，
地上火炮燃。
离散奔逃苦，
聚合安定难。
坚持八载久，
胜利众欢颜。

庚寅七月七日
文洛

看电影《唐山大地震》

二十三秒大灾难，
三十二年离聚情。
万户亲人生死别，
一双母女爱恨萦。
汶川变故唐山助，
大爱无涯众心铭。
且拭满面哀伤泪，
再寻祸害频发因。

庚寅酷暑

西南旱灾

昊昊长空兮久无雨，
濛濛大地兮长缺浥。
茫茫田园兮尽干裂，
芸芸众生兮皆渴嗌。
军民奋力兮深掘井，
全国动员兮广助益。
气象预测兮盼云霓，
火箭发射兮催甘霖。
抗旱作物兮宜种植，
少水农业兮收效绩。
科学发展兮始持久，
和谐社会兮重情谊。
上下齐心兮感天地，
小康大同兮愿景寄。

庚寅初夏

惊闻玉树地震

天崩地裂兮岩动山摇，
屋倒房塌兮人民受难。
中央步署兮全国动员，
人命至上兮军民救援。
血浓于水兮汉藏一家，
九州四海兮齐心奋起。
手挖铲掘兮力大无穷，
电子探测兮警犬搜索。
科学救援兮无往不胜，
和谐社会兮同舟共济。
生之希望兮顽强坚持，
我心戚戚兮祈福降临。
虎年吉祥兮走向小康，
灾难频发兮千锤百炼。
擦干血泪兮继续向前，
再接再厉兮民族复兴，
前景无限兮奔向大同。

庚寅夏初

痛如身受

狂风暴雨淋不休，
山崩地滑泥石流。
受难玉树恨地震，
遭灾舟曲怨天沤。
人民痛苦死生别，
军队艰辛心胆筹。
全国举哀旗半降，
家园重建四方谋。

庚寅酷暑　文洛

中秋

起舞嫦娥玉兔伴，
吴刚漫饮醉广寒。
亲朋故友四散去，
对影长吟泪自潸。

庚寅月圆夜静　文洛

遗嘱

生死从来不由己，
亲人毋恸西去匆。
无需评价赞功绩，
不必告别劳友朋。
遗体解剖作研究，
器官移植供医用。
画留故里博物馆，
书赠乡城剑声中。
诸事托请离退办，
感恩潇洒追东风。

庚寅冬　文洛

重阳

一夜寒风入秋凉，
登高远眺寻故乡。
同窗挚友久离散，
梦里心田种草芳。

庚寅秋　文洛

中秋怀旧

与少年时旧友亚岚隔别达六十年，渺无音信，昨日忽得来信，欣喜万分，然知历经浩劫不禁心酸泪下写小诗寄之

人世沧桑各一方，
阴晴圆缺念断肠。
聪明靓丽如玫瑰，
泼辣开放戏乒乓。
运动场中飞倩影，
桃花园里美声扬。
梦魂难忘少时月，
相共婵娟望长久。

壬午（二〇〇二年）于北京　文洛

传奇

杜十娘，祝英台，
重重悲剧痛心哀。
欢欣常酝辛酸泪，
情念难随梦魂谐。

庚寅秋　文洛

和田玉

晶莹剔透质圆润，
山瀑冲刷浑自淳。
软玉温香佳丽品，
坚真奇石君子神。

乙丑夏　文洛

无题

剑胆映天庭，
书声共地鸣。
琴心悦人众，
画眼望和平。

庚寅立秋　文洛

醉花间

春风暖，
春风暖，
寒意行渐远。
今宵月正明，
灯下闻弦管。
年年花不断，
岁岁团圆宴。
家家享小康，
世世大同愿。

庚寅上元节　文洛

老年麻将

四人砌城一人梦，
手脑并用见奇效。
偷牌赖账各有招，
诈和错番哈哈笑。

乙丑秋　文洛

咏花

闻花花解语，
抚玉玉生香。
吻卿卿唇润，
销魂更断肠。

乙丑　文洛

谒丰城剑池

宝光剑气冲牛斗，
落地有声没池深。
漫天彩霞长虹现，
干将莫邪双飞升。

乙丑夏　文洛

为丰城博物馆拟联

洪窑书院文剑邑
煤涑粮仓金丰城

乙丑夏　文洛

四姑熊愷在台湾创办剑声幼稚园

忆家乡槎市

蔚蓝天际远山莹，
斜映赣江铁路行。
十里大街众人建，
乡亲父老喜笑迎。

乙丑夏 文洛

台湾行

寄调满江红

恢复『剑声』随访台，
集资建筑。
会亲长，
见同乡友，
悉谈曲衷。
大海难分同血族，
两岸和平双赢促。
皆奋起，岁月易逝去，
留情夙。

访台北，
游新竹，
即努力，
何能足，
不负期望也居然禾熟。
只为了民富国强，
岂在乎生死名禄。
待从头建设新校园，
文明沐。

乙丑秋 文洛

倡重建剑声中学

寄调苏幕遮

漫天云，
青嫩草，
却念当年，
期盼春华早。
无事却闲空苦少，
只念同窗，
故旧均安好。

纵勤奋，
人已老，
尽夜无眠，
筹思春晖报。
虽独自力微勤杳，
众志成城，
岂虑剑声渺。

乙丑夏 文洛

年及耄耋

两耳重听老眼花，
唇乾发白面斑疤。
手拙臂酸身无力，
腰直胸挺不折斜。

乙丑夏　文洛

答谢老友

气质高雅诚君子，
学问渊深真才人。
不管人间营营事，
清白纯净重晚情。

乙丑　文洛

耄耋自夸

四十公岁八〇后，
顽童情趣益春秋。
琴棋书画皆潇洒，
唱演编导尽风流。

有八〇后记者谓余亦为八〇后，盖彼以二年为一公岁。

乙丑夏　文洛

赞女儿

老大买菜做饭都行，
老二工作读书均可。
闲来陪打麻将，
输赢不怕钱多。

乙丑夏　文洛

幻

寄调声声慢

浑浑沌沌恍恍惚惚茫茫闪闪烁烁，
幽暗荧光难辨，
似迷却觉。
花放即萎，
孰料突然凋落，
迷惘也，
正惊心忽觉霞云礴。
呼喇喇漫天乐，
欢快笑千万匆空看错，
听着声儿暗自思量忖摸，
漫天生红淬，
一天莫非凶凶恶恶。
岂晕乎，
怎被迷梦魇愕。

乙丑夏　文洛

柔兰芳

自度曲题画

空谷幽兰香天外，
芬芳氲久长，
悠悠时光似水，
伊人青常在。
深山密林芳菲远，
风雨摧残香益扬，
只缘兰柔花弱情难怀。

乙丑夏 文洛

寄老同学

三千情丝尽白，
六〇旧梦初圆。
寒梅峰顶含蕾，
芳草光中蕴痕。
花谢花开肠断，
月升月落销魂。
风流高士闲雅，
潇洒狂生劳神。

庚寅仲夏 文洛

梅自在

自题画自度曲

自由自在开，
不怕风雨不畏寒，
霜雪摧不败，
纵衰亦不衰。
春来百花放，
却喜洁白又嫣红，
伊心更畅快，
原野点点怀。
寒梅劲，
竹长相挨。

文洛

八十自况

众皆笑赞八〇后，
身体精神日益佳。
万卷破读知不足，
创新逾百愧称家。
诗词言志情缘寄，
书画求真善美遐。
碁秤琴弦欢乐共，
红粧青剑梦天涯。

壬辰 文洛

昭旷姐甲子祭

棠棣情深双姝梦断惨疼迷离怅惘
翠微岗荒家土塌扬遥念寂寞凄凉

壬辰　弟明子泣书

文房四宝

书室瑰宝声远飚，
华夏文化继世长。
四海九州流传广，
笔墨纸砚出华章。

乙丑　文洛

十六字令

游·髫小同顽不识愁，
　春花妙，
　日夜爽无休。
求·青少痴情棠棣羞，
　酸甜共，
　未敢逾绸缪。
修·壮晚逍遥早白头，
　童心在，
　依旧梦幽攸。

辛卯冬　文洛

抒怀

老夫聊发少年狂，
昂首阔步迎朝阳。
琴棋书画缘本性，
诗词歌赋实断肠。
千方百计构境界，
标新立异求原创。
观念理想超前苦，
风流潇洒意气扬。

乙丑仲夏　文洛

寄挚友

翠微峰下梅江畔，
少小情深初识甜。
晨读文章夕共戏，
夜望星月日同研。
凯旋浔州重离别，
改革洪都复缠绵。
万语千言来世了，
魂祈梦盼再生缘。

辛卯夏
毕业初别六十六年
文洛

思乡吟
自题画自度曲

白云渺，
青烟远，
关山万里水滔滔。
岁月流，
人已老，
梦里家园路迢迢。

乙丑夏　文洛

梦

往事如烟今似梦，
人生似梦昔如风。
梦中欢笑醒来醉，
莫道销魂梦尽空。

癸巳　年八十一　文洛

篇四

翰墨丹青融朦胧

熊明书画作品展（2014年8月5日开幕式）

中央美术学院院长
中国美术家协会建筑委员会理事长
吕品晶教授主旨讲话

北京市城市规划展览馆 赵丽馆长讲话

展品作者 熊明致谢

北京市建筑设计研究院 张青副书记讲话

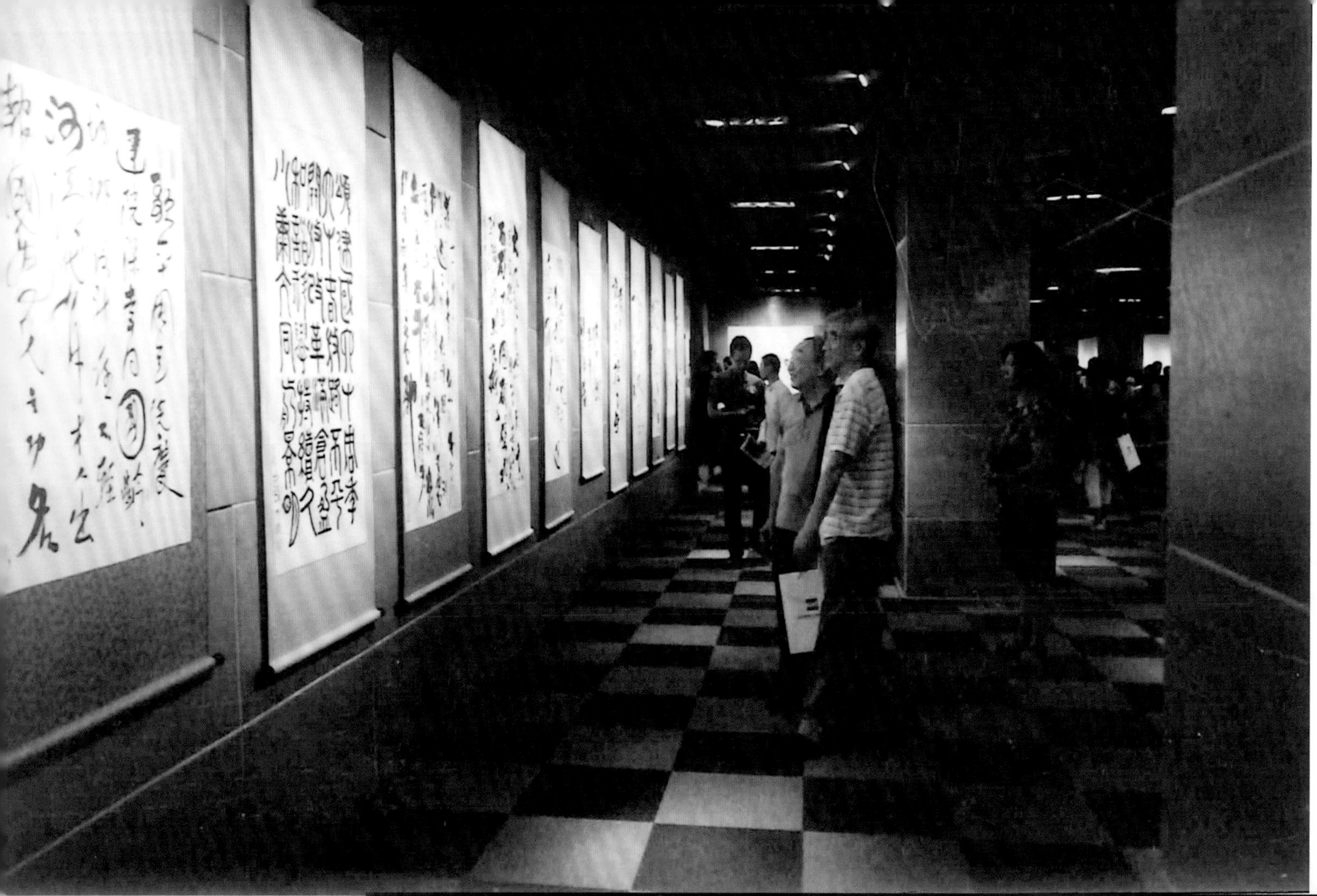

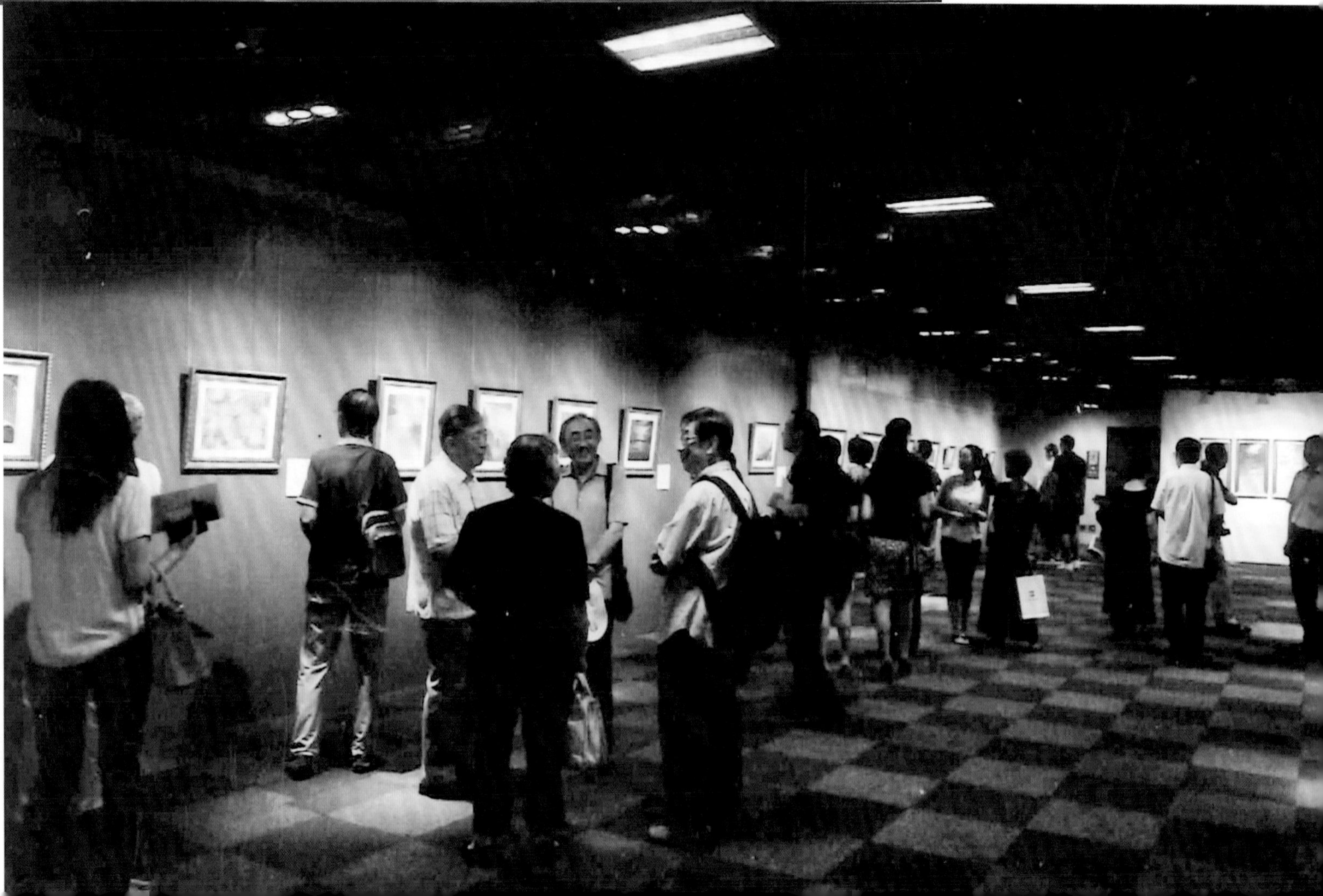

熊明书画作品展

中央美术学院院长　潘公凯题

中国文学艺术界联合会原副书记兼副主席、著名书法家高运甲题

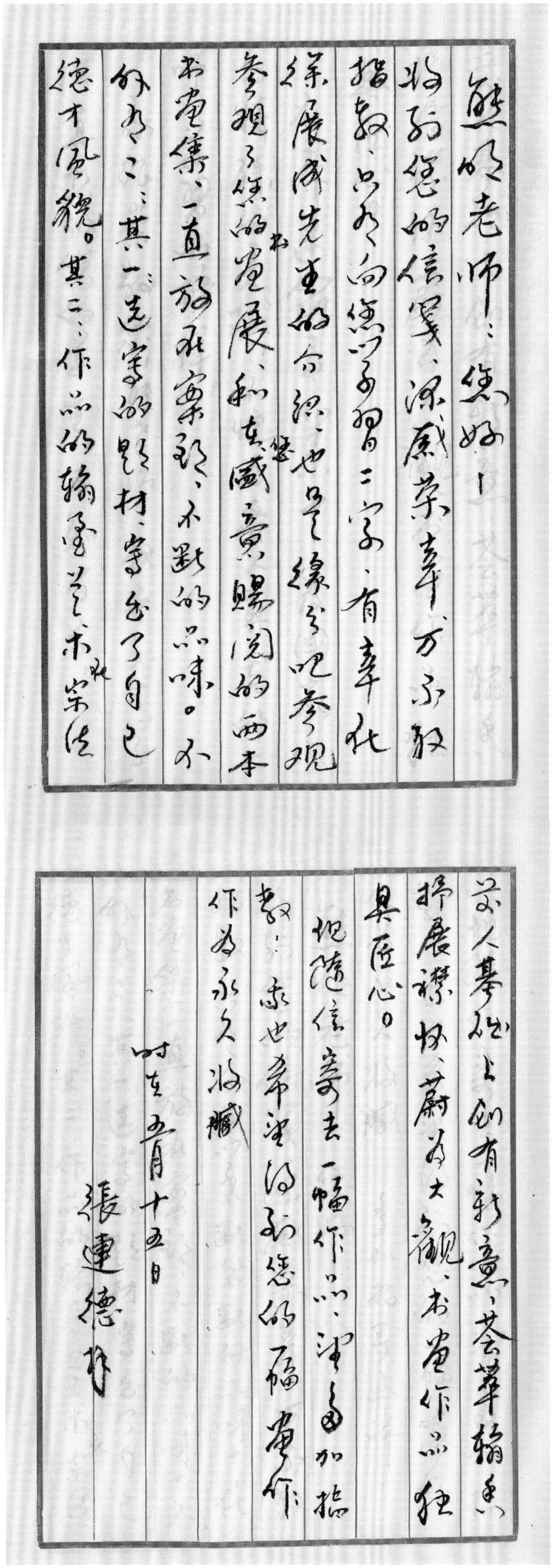

熊明老师：您好！

收到您的信笺，深感荣幸，万分感谢！书中多次向您学习二字，有幸能经展成先生的介绍，也是缘分吧。参观了您的书画展，和您盛意赠阅的两本书画集，一直放在案头，不断地品味。不外乎二：其一，选写的题材，写出了自己德才风貌。其二，作品的翰墨艺术技法若人基础上创有新意，艺笔翰墨挥展潇洒，蔚为大观，书画作品独具匠心。

现随信寄去一幅作品，请多加指教！亦也希望得到您的一幅画作，作为永久收藏。

时在五月十五日

张连德拜

滚滚长江东逝水，浪花淘尽英雄。是非成败转头空，青山依旧在，几度夕阳红。白发渔樵江渚上，惯看秋月春风。一壶浊酒喜相逢，古今多少事，都付笑谈中。

三国演义开篇词　甲午春月张连德

当代书法名家张连德书赠

北京市建筑设计研究院原院长

原城乡建设环境保护部部长　叶如棠书赠

竹清風時至玉聲珊然中采齊而協肆夏
揖遜俯仰若洙泗群賢之交集風止籟静
挺然特立不撓不屈若虞廷群后端冕正笏
而列于堂陛之側有君子之容

右録自王陽明君子亭記送熊明学長

辛卯年玉如書

北京市设计建筑研究院顾问总建筑师何玉如书赠

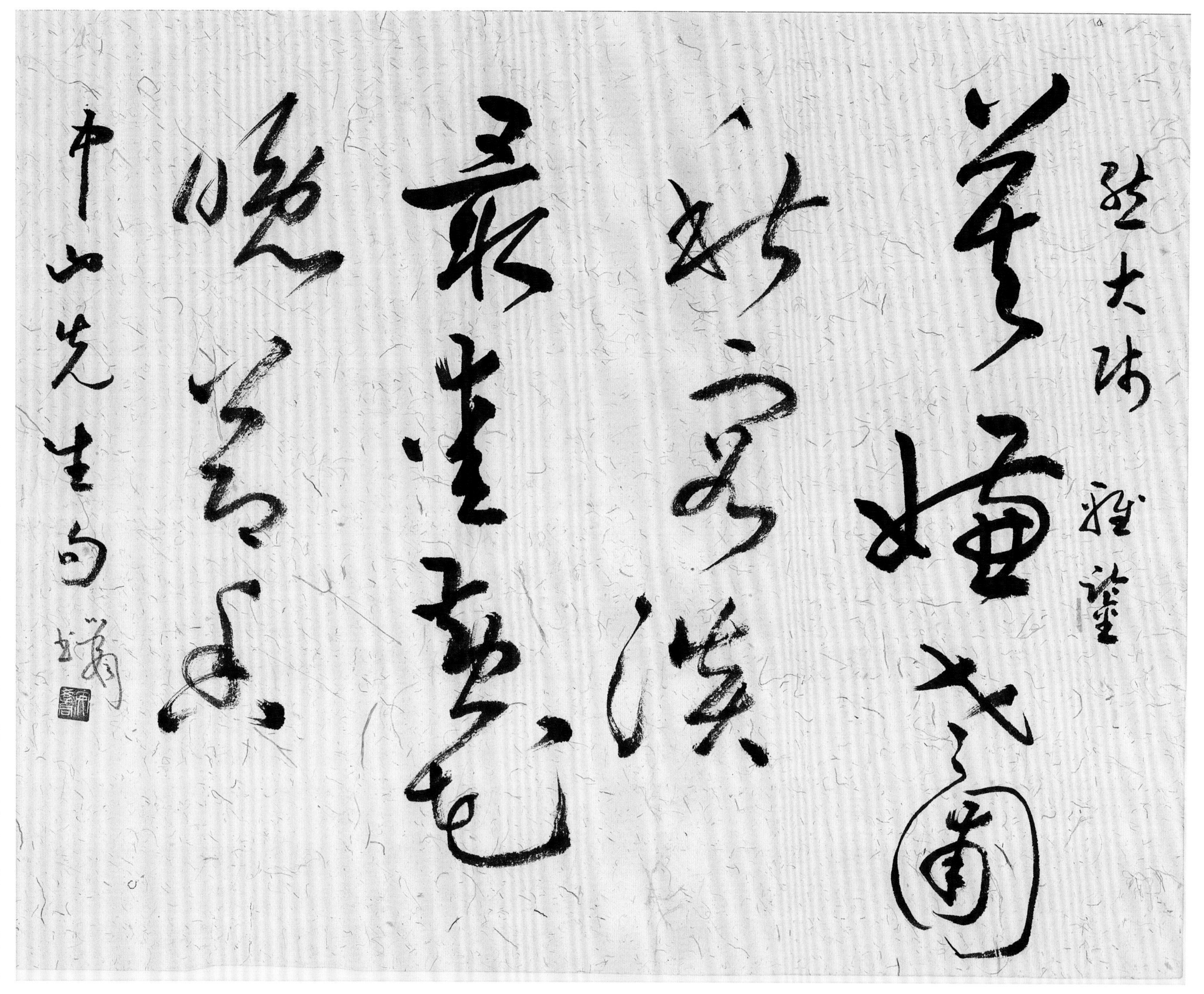

北京市建筑设计研究院高级建筑师安学同书赠

艺技相溶
天地入神
彩墨人生
朝气永存

观展心动
黄汇
2014.8.5

资深建筑师
黄汇观览后题词

祝賀熊明大師
書畫展開幕
我心表意
陶冶性灵

勇往直前

神走天下

弟子朱小地

敬书

自序

书画并非余之专业，却又与之渊源颇深。余先祖书香门第，经史传家。

曾祖弃儒从医，祖父清末痒生。科举废后，自办新式学堂，除国学外，兼教授数学、英语，且收女生，开风气之先。父辈棠棣七人，皆游学东瀛西欧，归国后巧登杏坛，五位任校长。余母亦出身世家，师范学校毕业后，自办小学，亲任校长。余两岁即随母诵诗读经，酷喜涂鸦。居室地面墙上，乃至床单被帐，尽斑驳无余；四岁入小学，从名师习字临帖；六岁丧母，由姑母抚育教养，就读于二姑母任校长之江西省立九江女子师范学校附属小学。九江女师旨在培养小学教师，德、智、体、美并重，尤以美术、音乐、舞蹈、戏剧为特长。余浸润其中，琴棋书画皆有涉猎。小学时，余常随老师作抗日漫画。中学时，黑板报头、校刊封面及各种招贴画皆余之责。且余曾参演抗日名剧杏花春雨江南（于伶）并绘布景。一九四四年政府号召『一寸江山一寸血，十万青年十万军』。青年学生热血澎湃，踊跃响应。余亦奋起报名参军。然因年仅十二岁，未获批，乃自作词曲，个长期不从容。至今忆及，耳畔犹歌声萦绕。

一九四五年抗日战争胜利，余考入江西省立南昌一中，期间曾自导自演话剧浪淘沙，布景及海报尽皆自绘。一九四六年返浔，入同文中学读高二。该校系基督教会学校，甚重素质教育，余受惠至深。在校参加唱诗班，礼拜演唱，还被选在圣诞节主演宗教剧第四博士，深深陶醉于宗教氛围。一九四八年高中毕业，余被保送入同属基督教卫理公会所办之金陵大学。在迎新音乐会中，余首次听交响音乐，心灵震撼，及至有机会遍读图书馆之西方经典文学巨著，与中学喜读之中国古典小说比较，无论形式及内容，西方著作往往迥然不同。加以自幼受前辈『中学为体，西学为用』（张之洞）观念间接影响，凡中外古今文化皆悉心学习，汲取知识，扩大视野，提高素养，陶冶情操。

一九四九年春，因金大学费高昂，余乃转考国立广西大学。初至桂林，『江作青萝带，山如碧玉簪』（韩愈），奇峰异水，如入仙境，及至西大所在地，雁山环抱之『西林公园』。该处本系清代两广总督岑春煊（号西林）之私家花园。园内有山，山上有红豆树『红豆生南国……此物最相思』（王维），故名相思山。山下有洞，洞中涌泉，泉流成溪，溪上行舟，舟游止湖，尽皆冠名相思。花园依山傍水，庭院厅堂，亭台楼阁，回廊曲桥，水榭石坊；或登高远望，松柏竹桂，疏密有致；或临池近观，鹈鹕鹤鹭，游弋自在。兰荷菊梅四季飘香，虫鸟蛙蝉五音和鸣；环境秀丽，氛围幽雅，恍如大观园；夜来人静，月朗星稀，最美读书声。修身养性，学问迅进；吟诗作画，灵感闪耀。

思绪连绵，意境升华。期间应邀加入同学自组之『高扬剧社』，导演话剧林冲夜奔；为迎接解放，又被委自导自演秧歌剧兄妹开荒。

然则在金大主修化学，西大攻读电机，皆非余之兴趣所在。又因仰慕北京，六代文化古城，当今首善之区，清华大学扬名中华，一九五〇年余乃重新报考兼学科技与艺术之营建系，幸获录取。除技术学科外，余师从李宗津（专长肖像）、李斛（善水墨人物）、高莊（国徽雕塑造型作者）、莫宗江（营造学社建筑渲染画高手）诸位名家，学习素描、肖像速写、雕塑、建筑效果图。后又师从吴冠中大师习绘水彩；于课外讲座听西方艺术：希腊、罗马、中世纪、文艺复兴、达芬奇、米开朗基罗、米勒；自至近现代，塞尚、高更、梵·高、戈雅、马蒂斯、毕加索、达利等所代表之各种流派作品，以及以俄罗斯列宾为代表之巡回展览画派；还有林风眠、齐白石、张大千、徐悲鸿等中国艺术家的作品及主张。承各位恩师悉心教导、启发、引领，余开始真正步入艺术殿堂。出于加深对艺术之理解，提高艺术修养，余课外如饥似渴，搜寻阅读，朱光潜西方美学史，蔡仪新美学、新艺术论，王朝闻美学论集。上溯南朝刘勰文心雕龙，清李渔闲情偶寄，王国维人间词话等，外延十九世纪俄罗斯车尔尼雪夫斯基做什么、普列汉诺夫没有地址的信、德国黑格尔美学，等等，以及各种文化艺术报刊有关论文，尤其是持不同观点之辩论文章，逐步提高自身美学理论修养。仅有助余之建筑创作，且结合数十年工作实践及理论研究，写成学术专著建筑美学纲要，亦为余之诗词书画风格之源。

一九五七年春，余自清华研究生毕业，被分配至北京市建筑设计院，工作繁忙，无暇旁骛书画。除建筑效果图外，几近搁笔。直至近年较为闲暇，乃重新拾笔进行书画创作。二〇〇九—二〇一一年书画作品百幅，被纳入中国建筑名家文库，由华中科技大学出版社出版；原作于清华大学百年大庆之际，捐赠清华育基金会，资助贫困学生，以报母校培育深恩，并助后学者。此次展出百余幅书画系近二三年作品。诚如当代书法名家张连德先生所云：书画艺术在宗法前人基础上，创作新意，荟萃笔墨，舒展襟怀，独具匠心。余作书画时亦秉此心意。

以书法而言，中华书画同源，故余作书亦墨晕五色，笔涵六法，以求技艺原创，风格原创。如所书『海纳百川』，笔墨之深浅，洇枯、刚柔、粗细、断续、虚实、大小、横竖、疏密、开合，恰似大河、小溪、洪湖、洇泊、深潭、浅塘、巨浪、旋涡、激流、瀑布，最末划恰是『飞流直下三千尺，疑是银河落九天』（李白）。风格不唯形式，变化多端之笔墨亦涵海纳百川气韵；蕴为人、处世、求学、交游、从艺、立业，即『大学』之谓：『格物、致知、诚意、正心、修身、齐家、治国、平天下』皆需博采众长，广纳微言之真义。

进而言之，艺术不仅反映理性，还直抒情怀。为纪念辛亥革命百年，余恭录孙中山先生遗言『和平奋斗救中国』以枯墨干笔，三道苍劲直竖，及最末圆形『国』字绘出先生临终之际油尽灯灭，『壮志未酬身先死』（杜甫），声嘶力竭呼喊后人继承遗愿，圆国家富强梦之情状。

余之绘画亦循『海纳百川』之径。就工具或手段分，有电脑图、水墨画、水彩画、粉笔画、油棒画、油画等；就题材分，有建筑、山水、树木、天空、海洋、肖像、人体，以及抽象意念等；就流派分，有写实、写意，有古典派、新古典派、印象派、野兽派、现代派、后现代派、解构派等；还有试将中国画方式移至油画，留下大片空白，直接在画上题写诗词，探索中国式油画之尝试。

余之所有画作，无一为写生，皆出自『行万里路，读万卷书』之忆念，或见景生情、触发灵感之创意，形成朦胧意象、含蓄风格。

粉笔画故里：写风驱残柳，撩去家乡城关积雪，寂静中骆驼踏地步步沉重，和着寒夜更漏，声声扎在游子心头。商旅离别妻儿，他乡谋生，辛苦一年终可归里度岁，家人团聚；游子飘零，久历艰辛，疲惫不堪，有家难归。风雨交加，手足僵冻，贫病纷至，却又驼步、更漏，声声惊悚，归梦难圆，情何以堪？

油画路：鲁迅名言『世上本没有路，走的人多了，也就成了路』。荒野中曲曲折折的小路，那触目惊心的红色，是家乡红土，还是血染历程？满天乌云笼罩，遥望一线微光，是攻读之路，还是从艺之路？是漂泊之路，还是求生之路？是苟延残喘之路，还是奋起进取之路？是幻灭之路，还是成功之路？

油画淌洋：水天一色，恬静蹊秘。苍鹰白鸥，追逐翱翔。是水波不兴？是浪涛汹涌？是弱肉强食？是精卫填海？是五内俱伤？是七情舒畅？是疲惫止息？是闲雅遨游？是无奈失败？是欢歌成功？

油画魅影：姹紫嫣红，形影相随，若即若离，似虚似实。是恩是怨？是迎是拒？是爱是恨？是聚是离？是欢是愁？是真是梦？抑或是过眼烟云，逢场作戏而已。

总之，朦胧意象，虽朦胧映写真；虽迷惘隐向善，虽缥缈蕴求美。真善美乃艺术之最高境界，生命之真谛，精神之升华。天马行空，灵感驰骋，尽情抒发又留有无限想象余地，吸引阅者发挥想象参与创作，乃美学鉴赏之重要来源与途径之一。管窥之见，请批评指正。

甲午秋 文洛

北京建院举办『全国建筑师书画邀请展』，余之书画各一幅参与展出，其后捐赠北京建院

左起章扬、熊明、文跃光

宓宁（左）、熊明

左起徐全胜、熊明、朱小地

熊明（中）、刘淼（右）

2012 年

67 cm × 133 cm

生宣

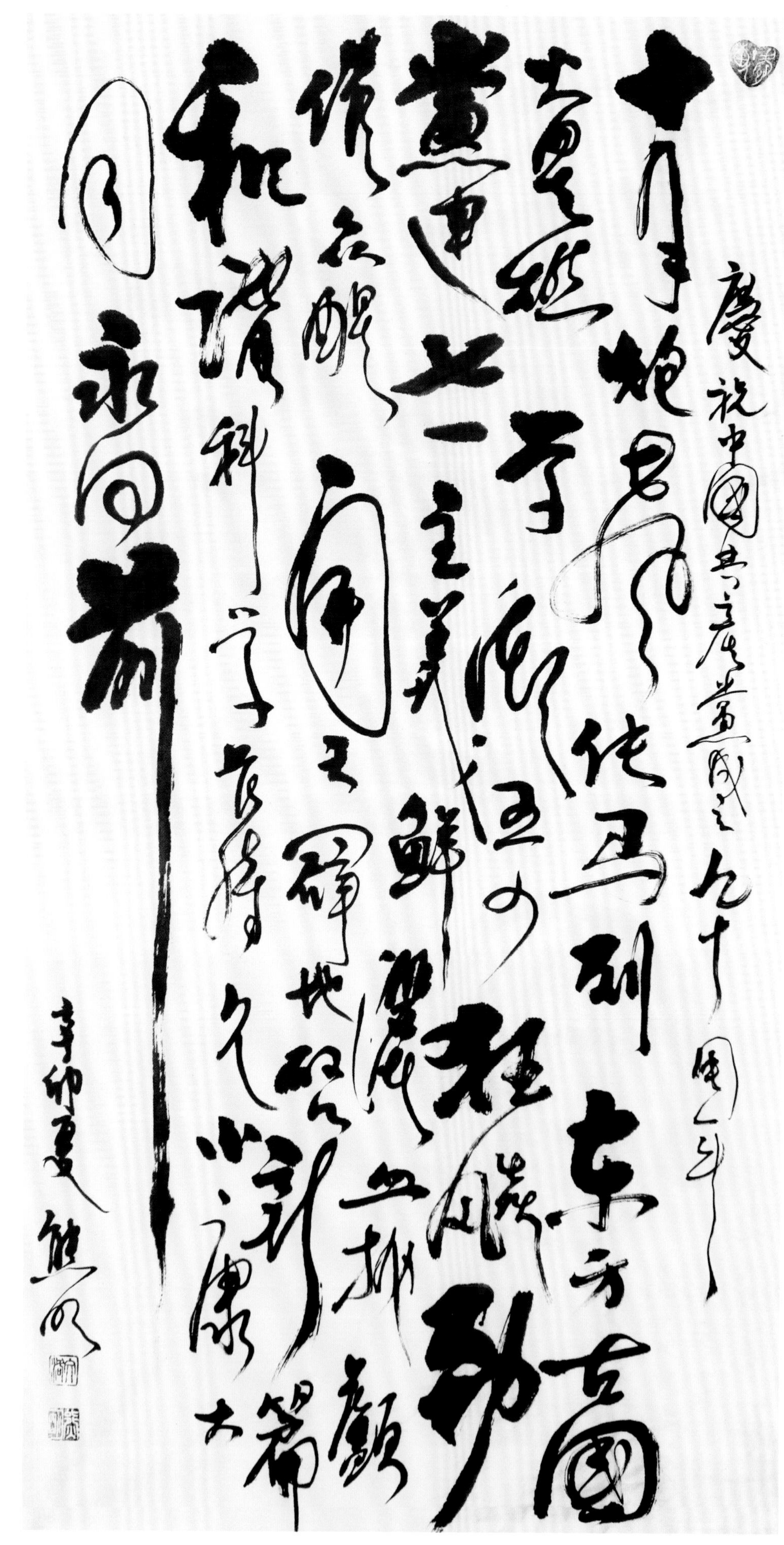

2011 年

67 cm × 133 cm

生宣

2011 年

67 cm × 133 cm

生宣

2011 年

67 cm × 133 cm

生宣

横眉冷对千夫指
俯首甘为孺子牛

录鲁迅诗句

辛卯夏

2011 年
67 cm × 133 cm
生宣

2011 年

67 cm × 133 cm

生宣

2011 年

67 cm × 133 cm

生宣

2011 年
67 cm × 133 cm
生宣

2011 年
67 cm × 133 cm
生宣

2011 年

67 cm × 133 cm

生宣

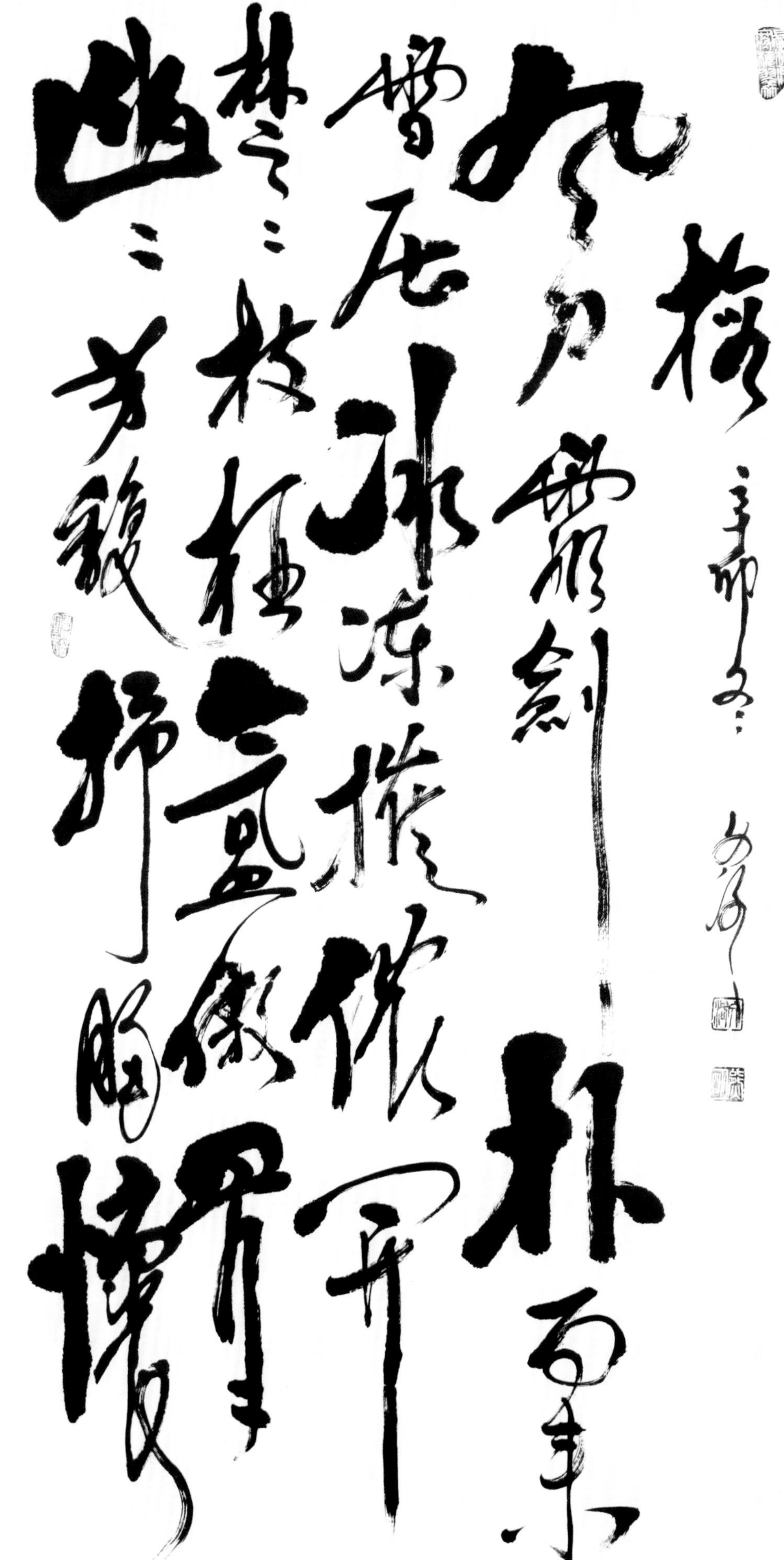

2011 年
67 cm × 133 cm
生宣

2011 年

67 cm × 133 cm

生宣

2011 年

67 cm × 133 cm

生宣

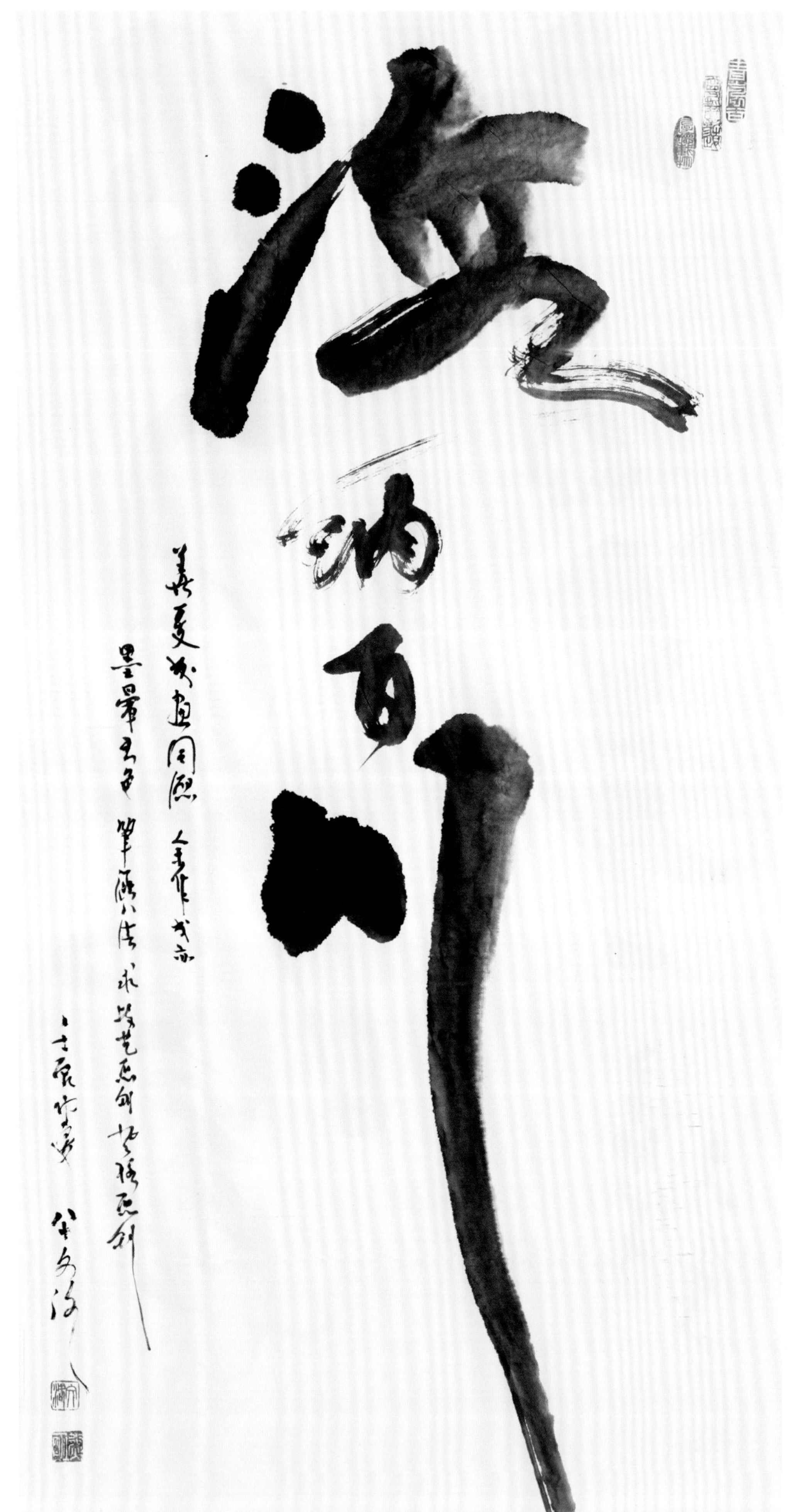

2012 年

67 cm × 133 cm

生宣

2012 年
67 cm × 133 cm
生宣

2012 年

67 cm × 133 cm

生宣

2011 年
67 cm × 133 cm
生宣

2012 年
67 cm × 133 cm
生宣

2012 年
50 cm × 100 cm
生宣

2012 年

50 cm × 100 cm

生宣

2012 年

50 cm × 100 cm

生宣

2012 年

50 cm × 100 cm

生宣

2011 年

67 cm × 133 cm

生宣

2012 年

67 cm × 133 cm

生宣

2012 年

67 cm × 133 cm

生宣

2012 年

67 cm × 133 cm

生宣

2011 年
67 cm × 133 cm
生宣

2012 年

67 cm × 133 cm

生宣

2012 年

67 cm × 133 cm

生宣

2011 年

67 cm × 133 cm

生宣

2012 年

67 cm × 133 cm

生宣

2011 年

67 cm × 133 cm

生宣

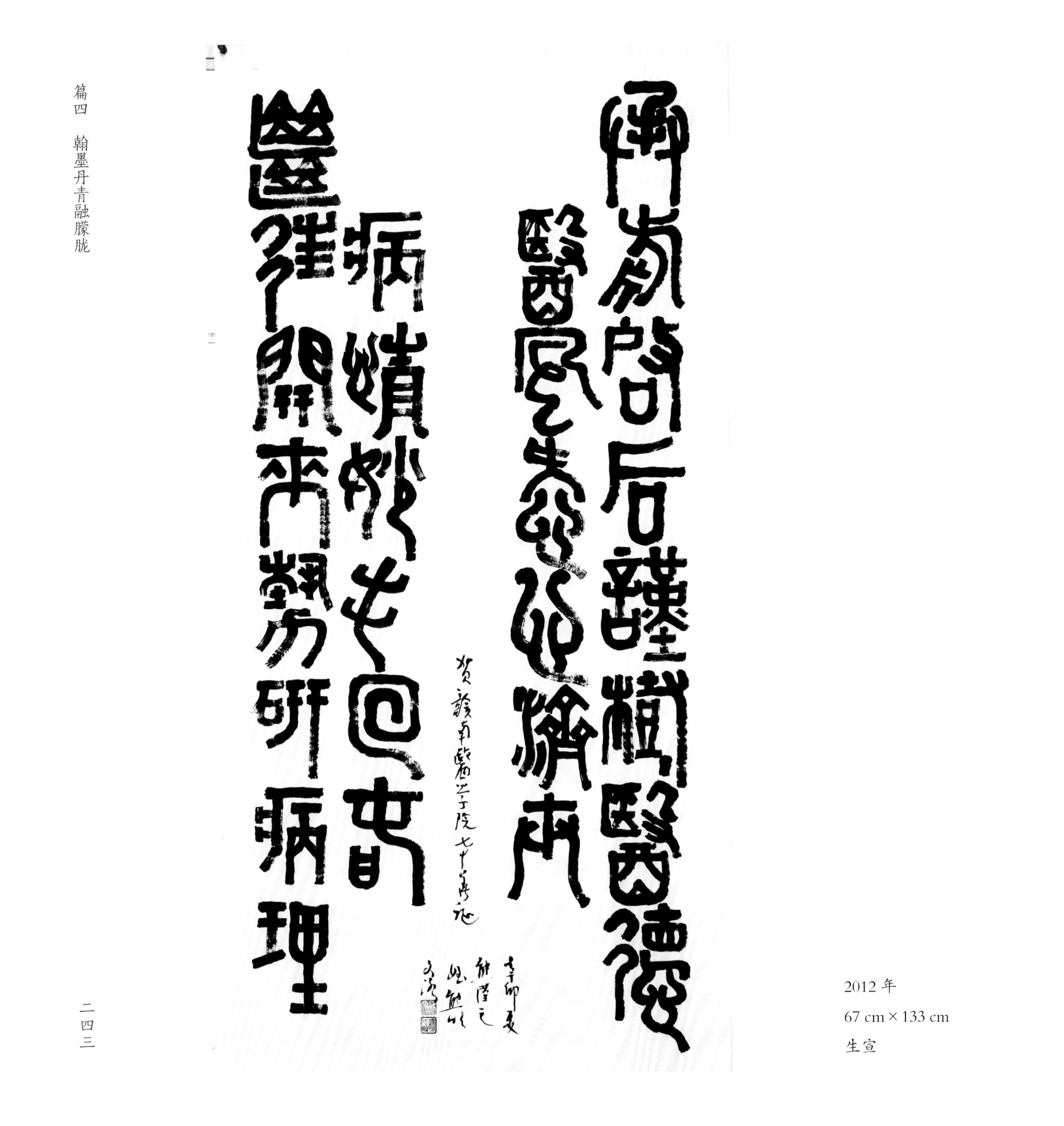

2012 年

67 cm × 133 cm

生宣

2011 年

67 cm × 133 cm

生宣

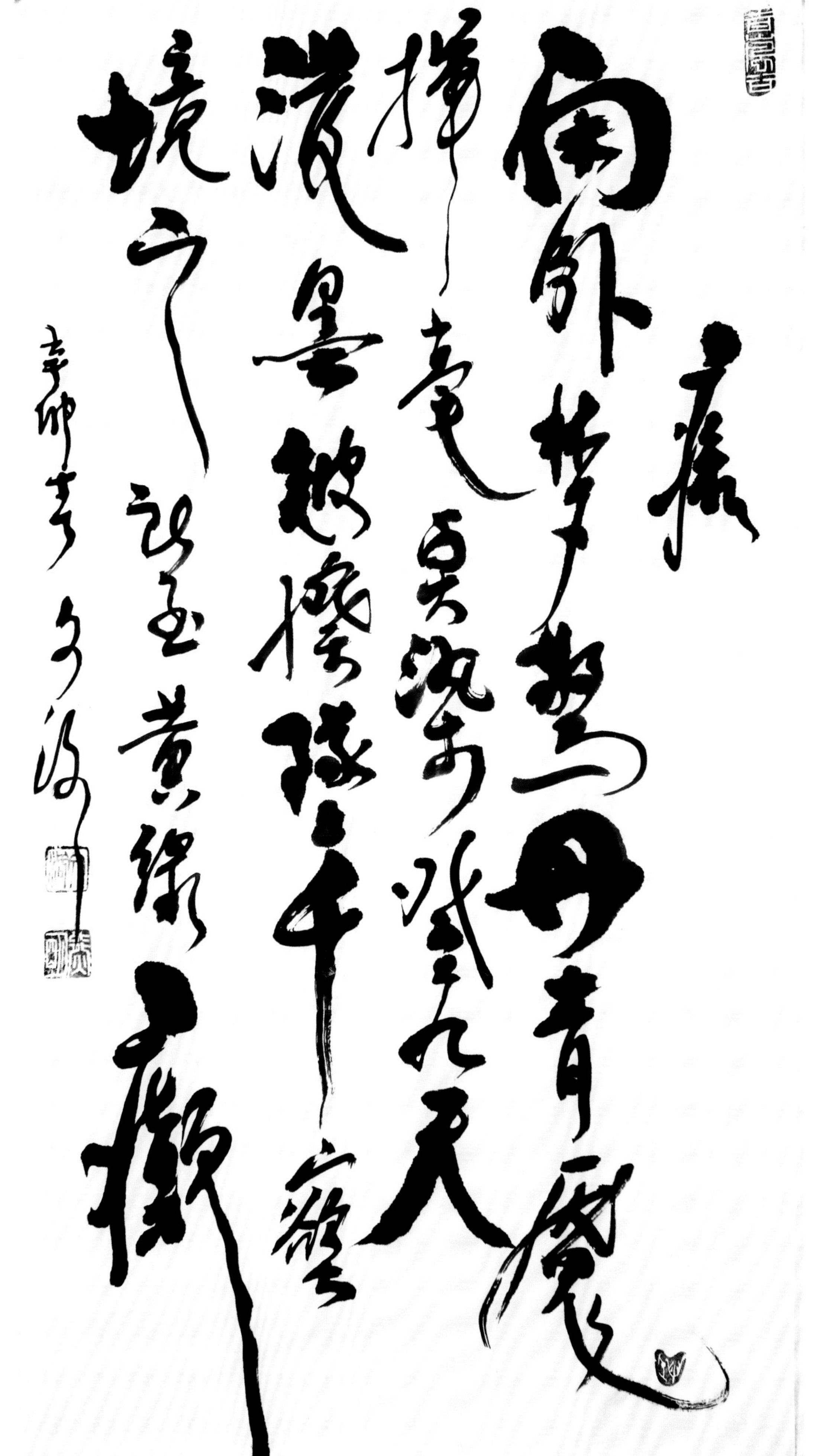

2011 年
67 cm × 133 cm
生宣

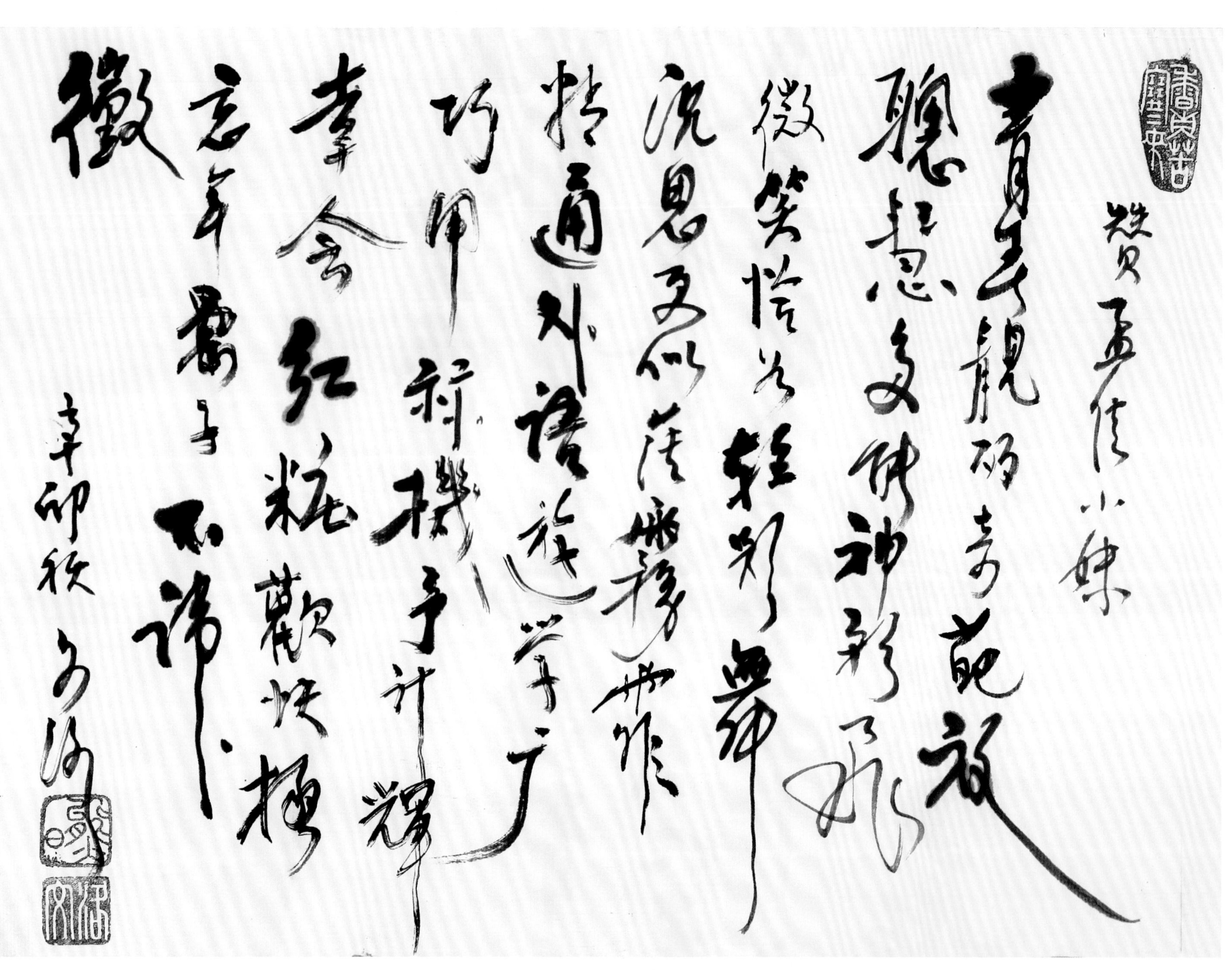

2011 年

33 cm × 50 cm

生宣

2011 年

33 cm × 50 cm

生宣

2011 年

33 cm × 50 cm

生宣

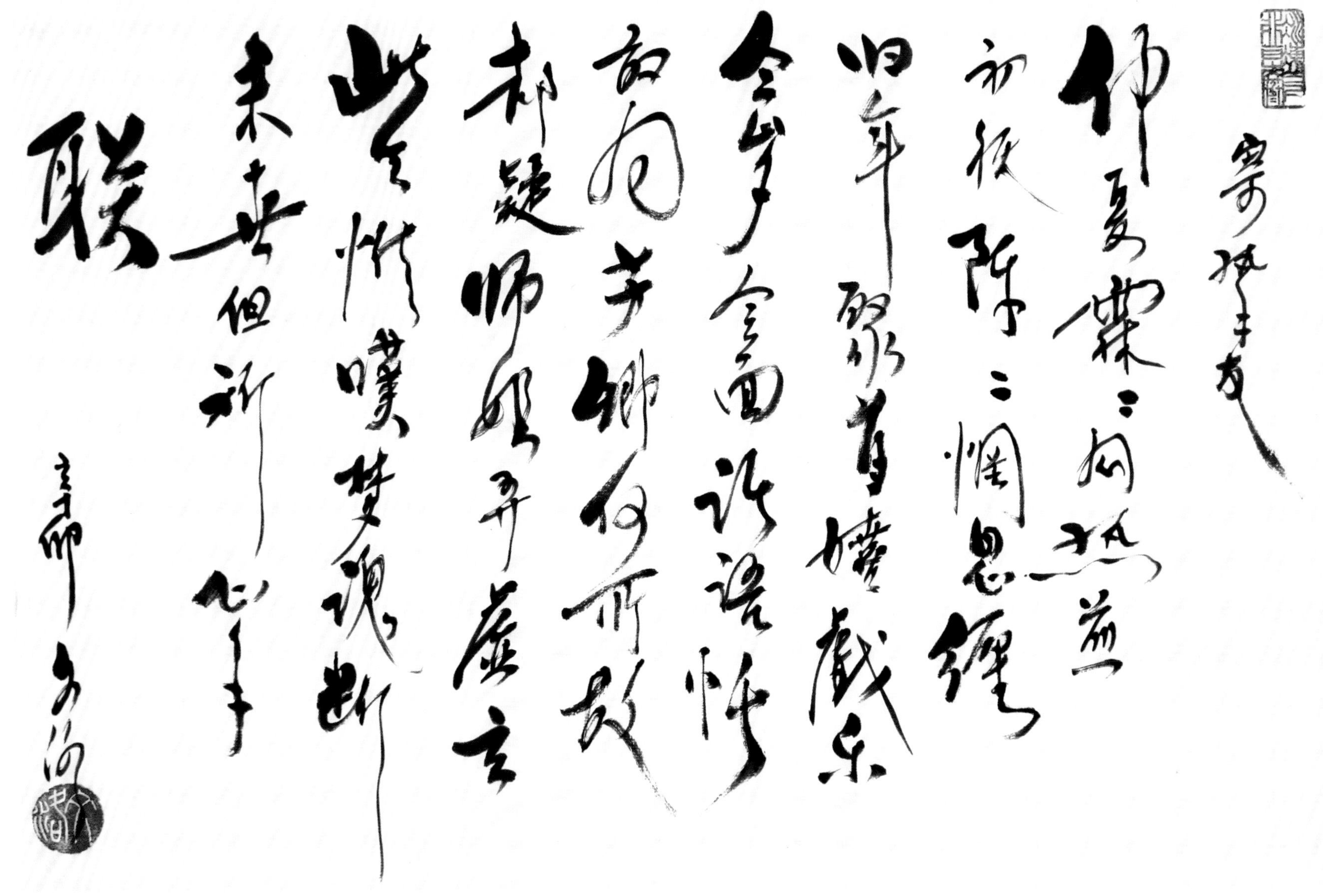

2011 年

33 cm × 50 cm

生宣

2011 年

33 cm × 50 cm

生宣

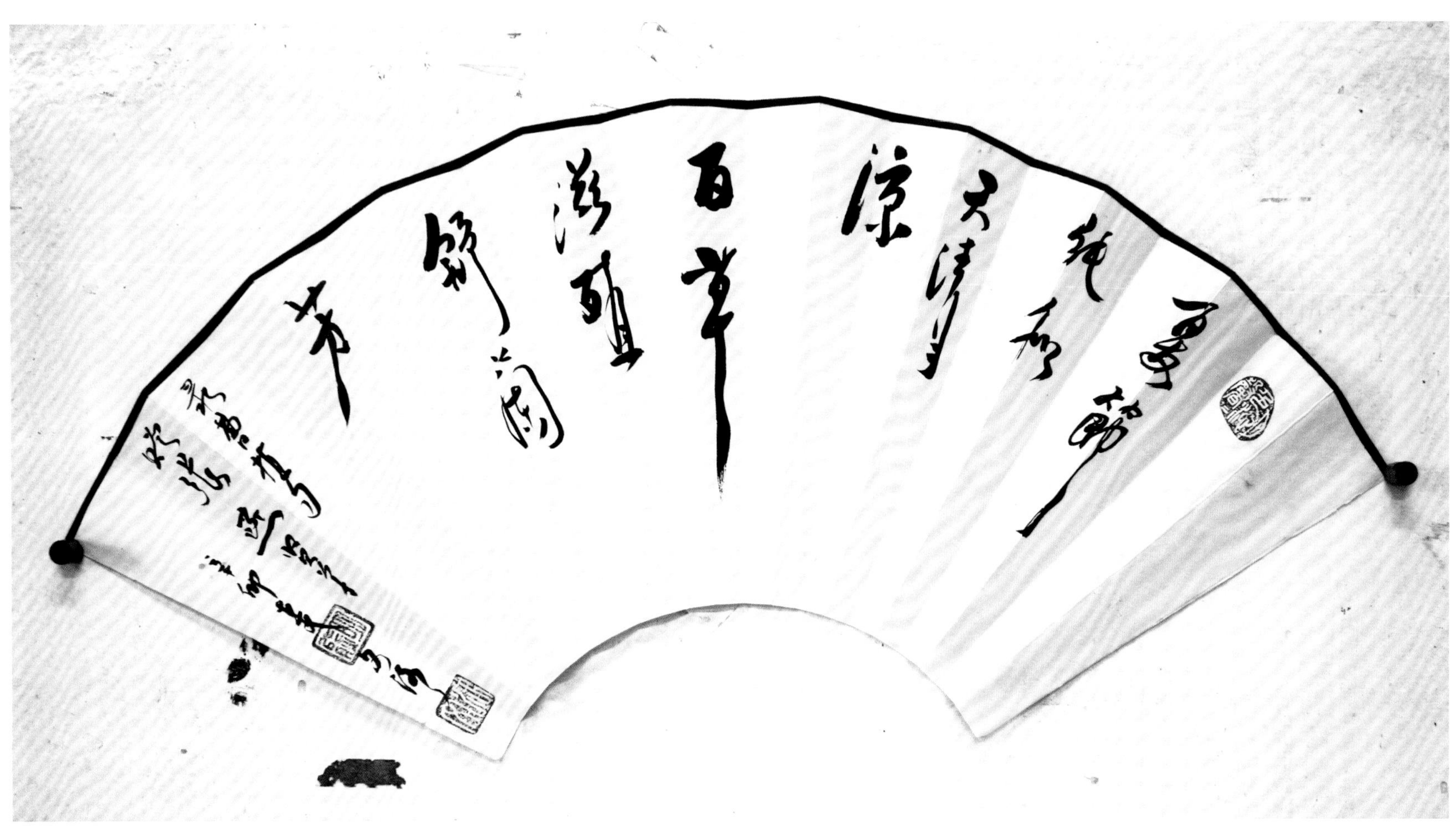

2011 年

生宣扇面

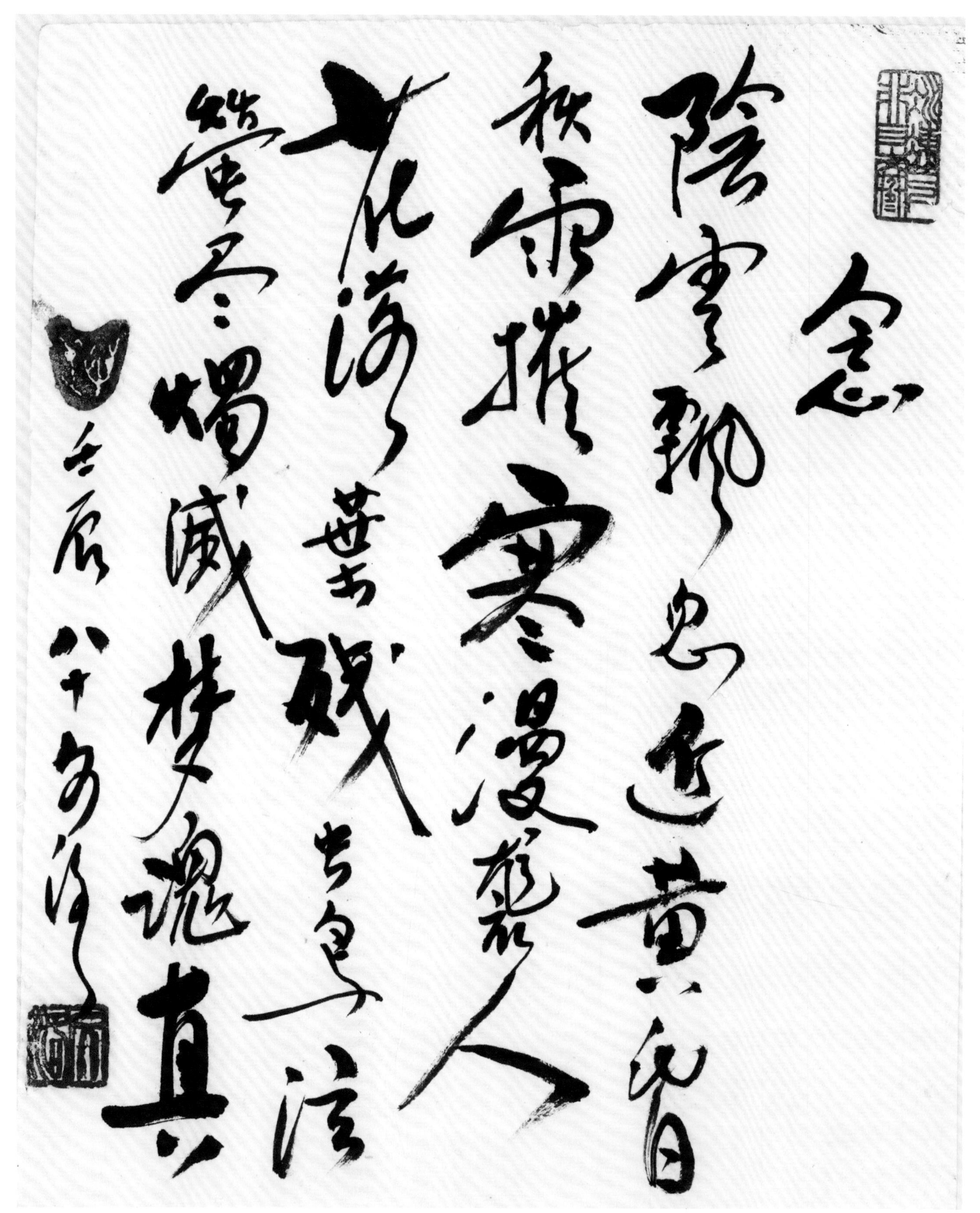

2012 年

33 cm × 50 cm

生宣

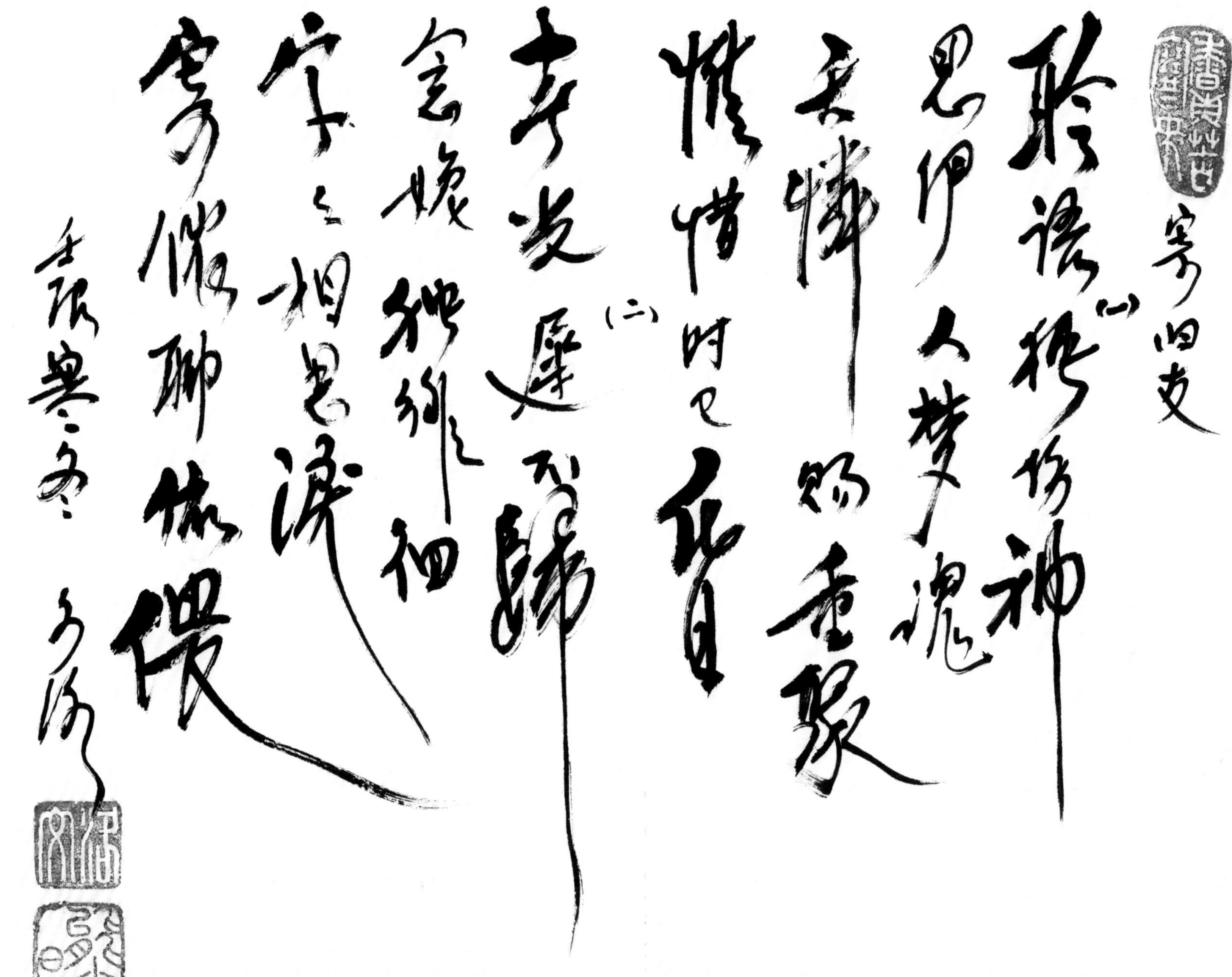

2012 年

33 cm × 50 cm

生宣

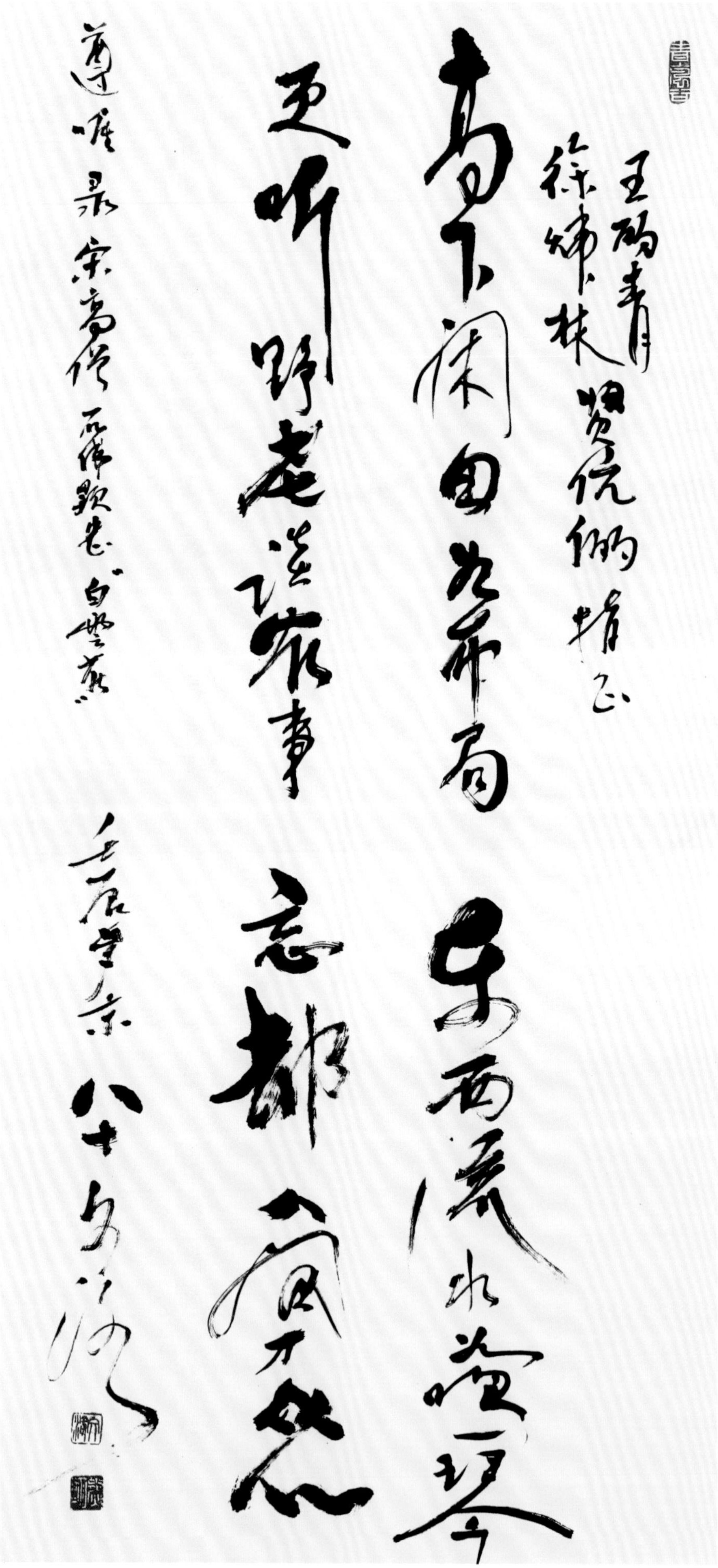

2012 年

33 cm × 83 cm

生宣

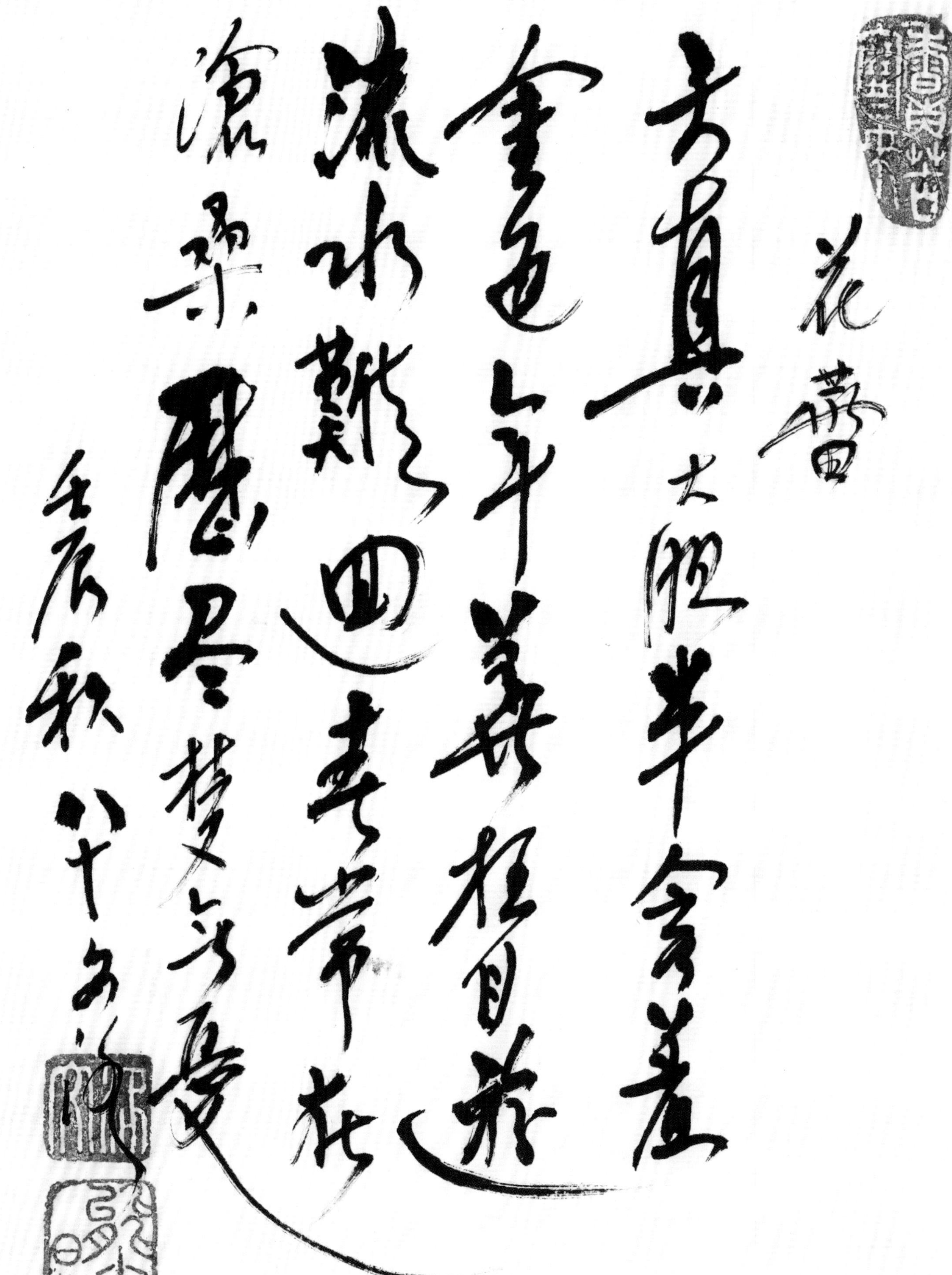

2012 年
33 cm × 50 cm
生宣

2013 年

33 cm × 67 cm

生宣

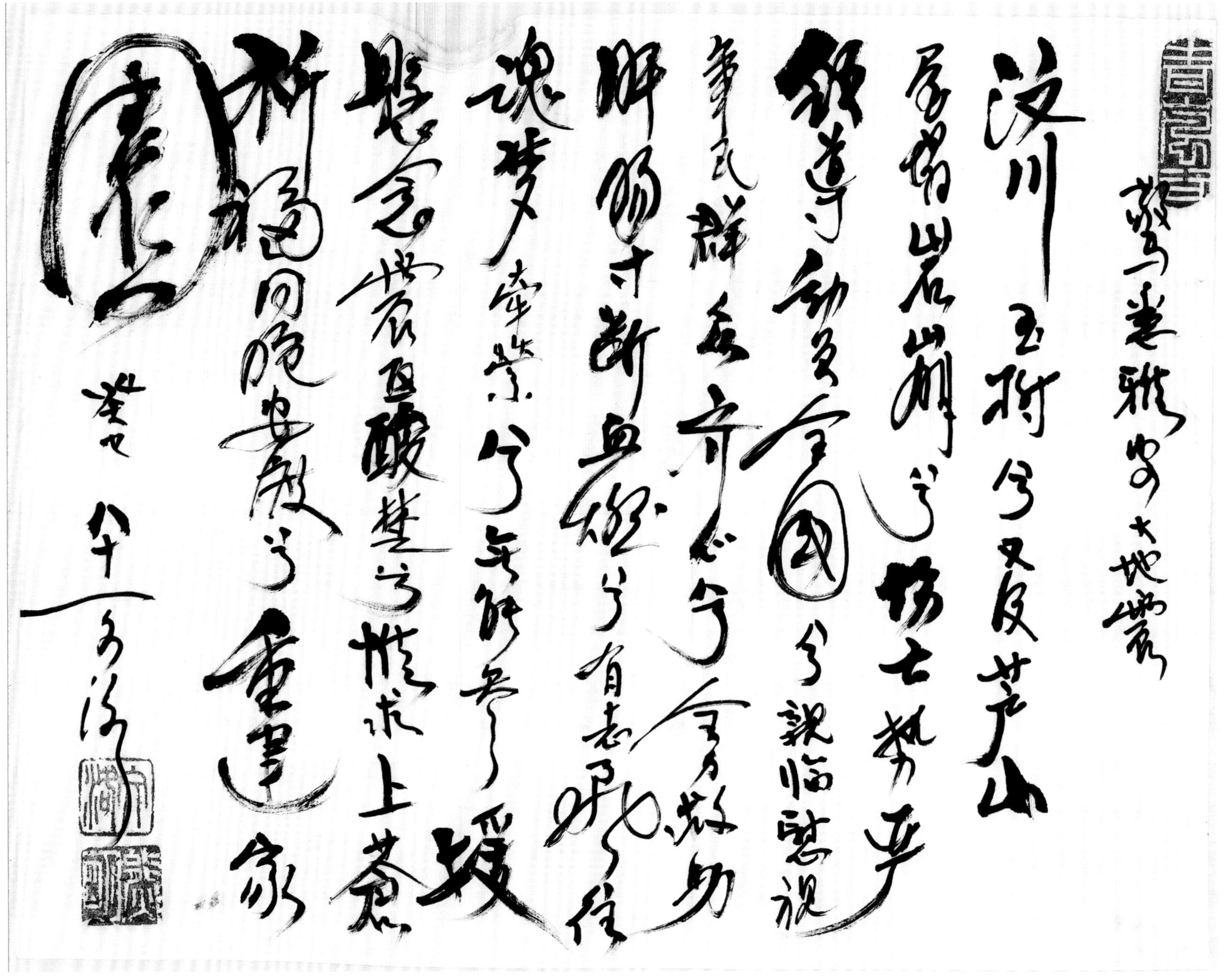

2013 年

33 cm × 50 cm

生宣

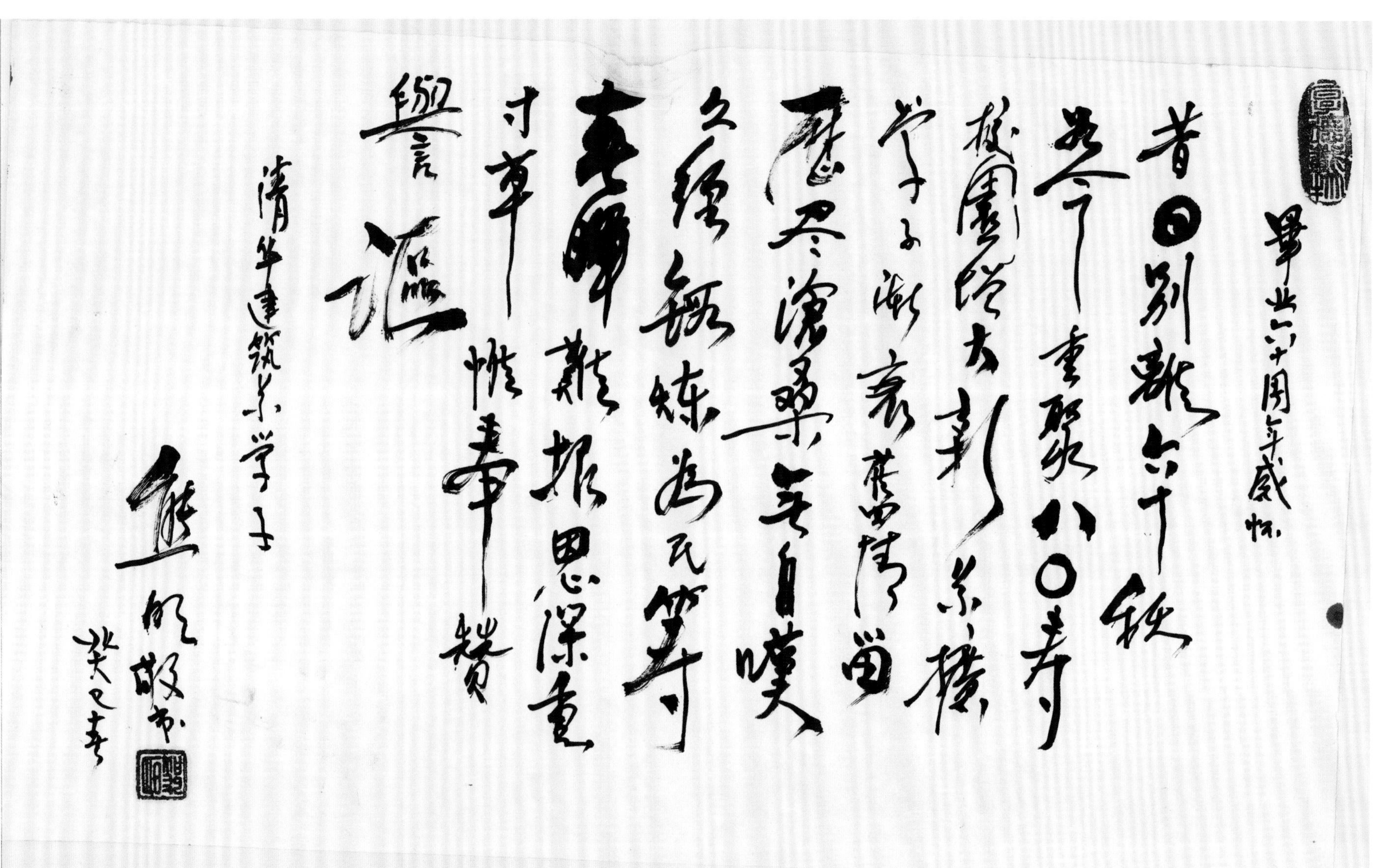

2013 年

33 cm × 50 cm

生宣

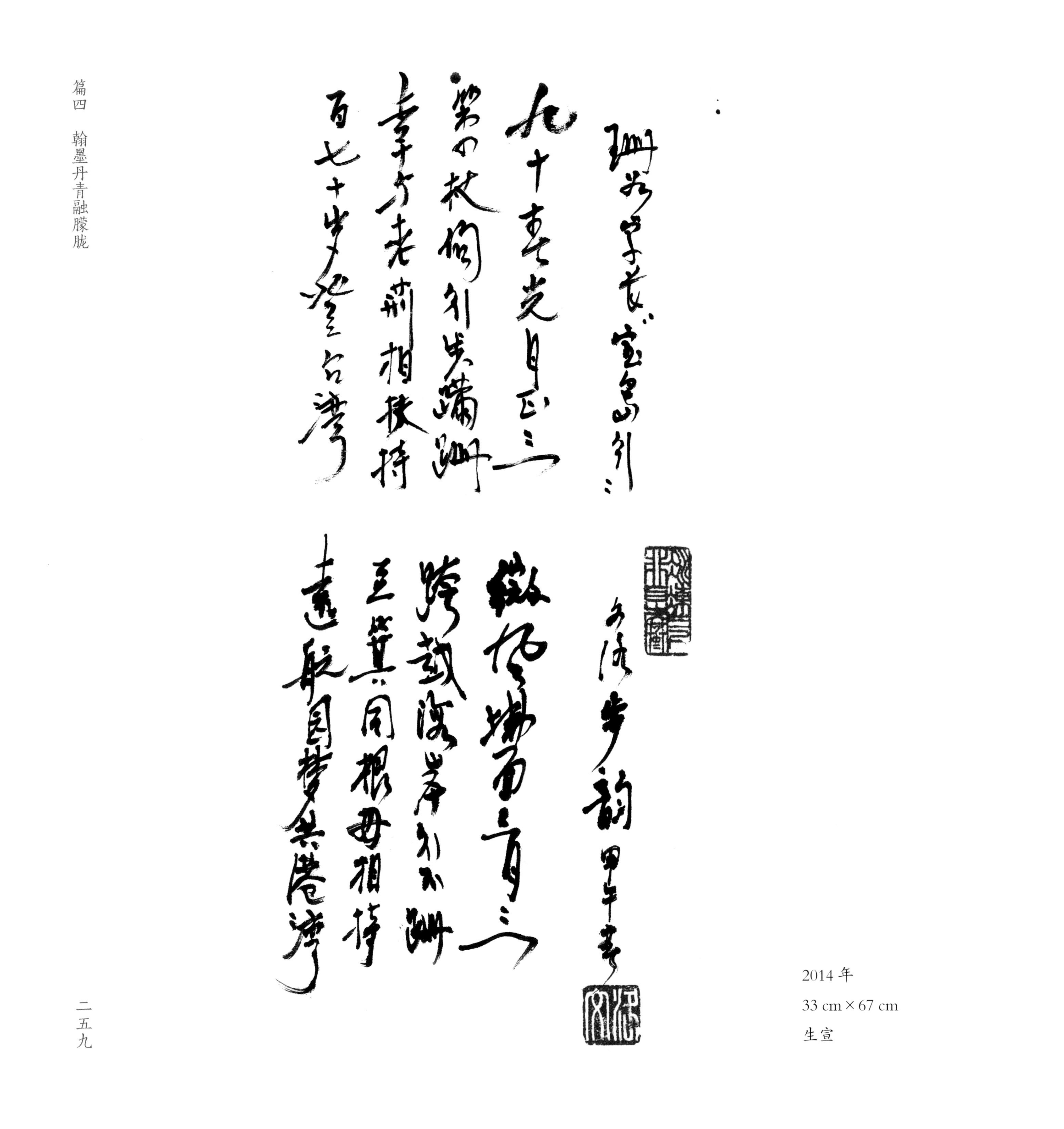

2014 年

33 cm × 67 cm

生宣

2011 年

33 cm × 50 cm

生宣

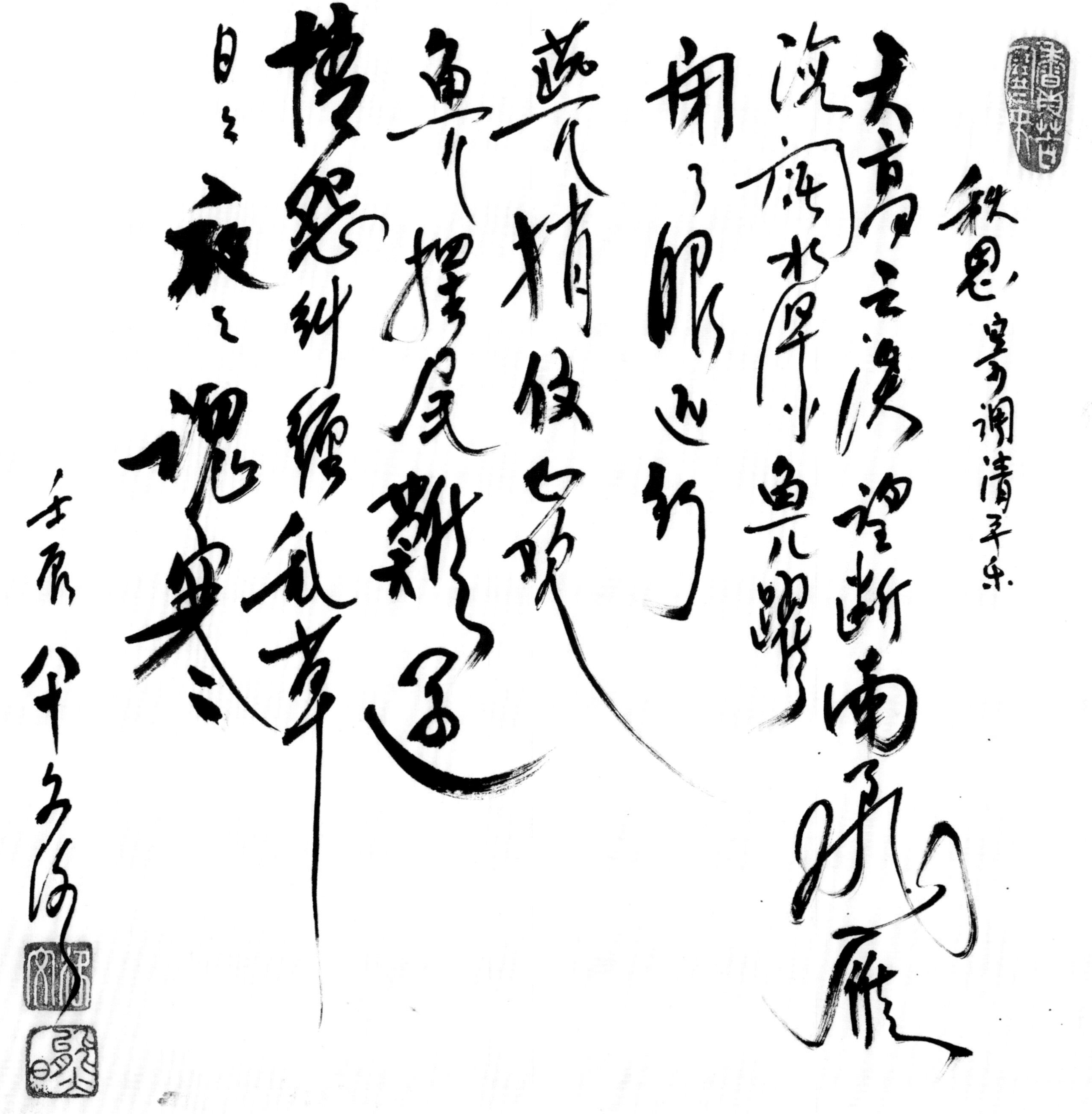

2012 年

33 cm × 33 cm

生宣

水墨画

67 cm × 67 cm

生宣

水墨画

67 cm × 100 cm

生宣

水墨画

67 cm × 100 cm

生宣

水墨画

67 cm × 67 cm

生宣

彩墨画

67 cm × 67 cm

生宣

彩墨画
67 cm × 67 cm
生宣

彩墨画

67 cm × 67 cm

生宣

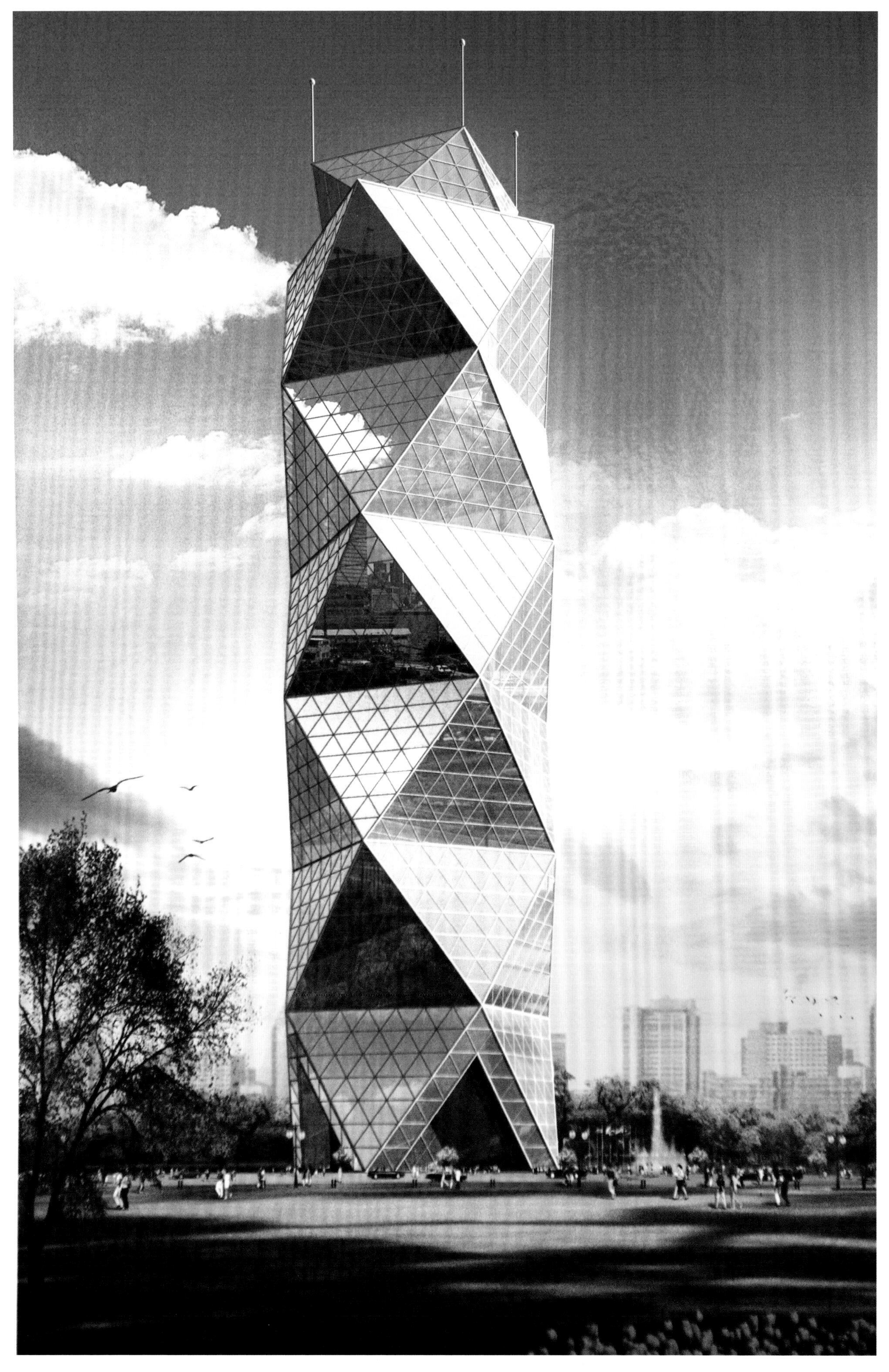

《工体大厦》
2003 年
电脑图
54 cm × 80 cm

《外交大楼》

1976 年

水粉画

58 cm × 170 cm

《某办公楼方案》

1996 年

电脑图

80 cm × 95 cm

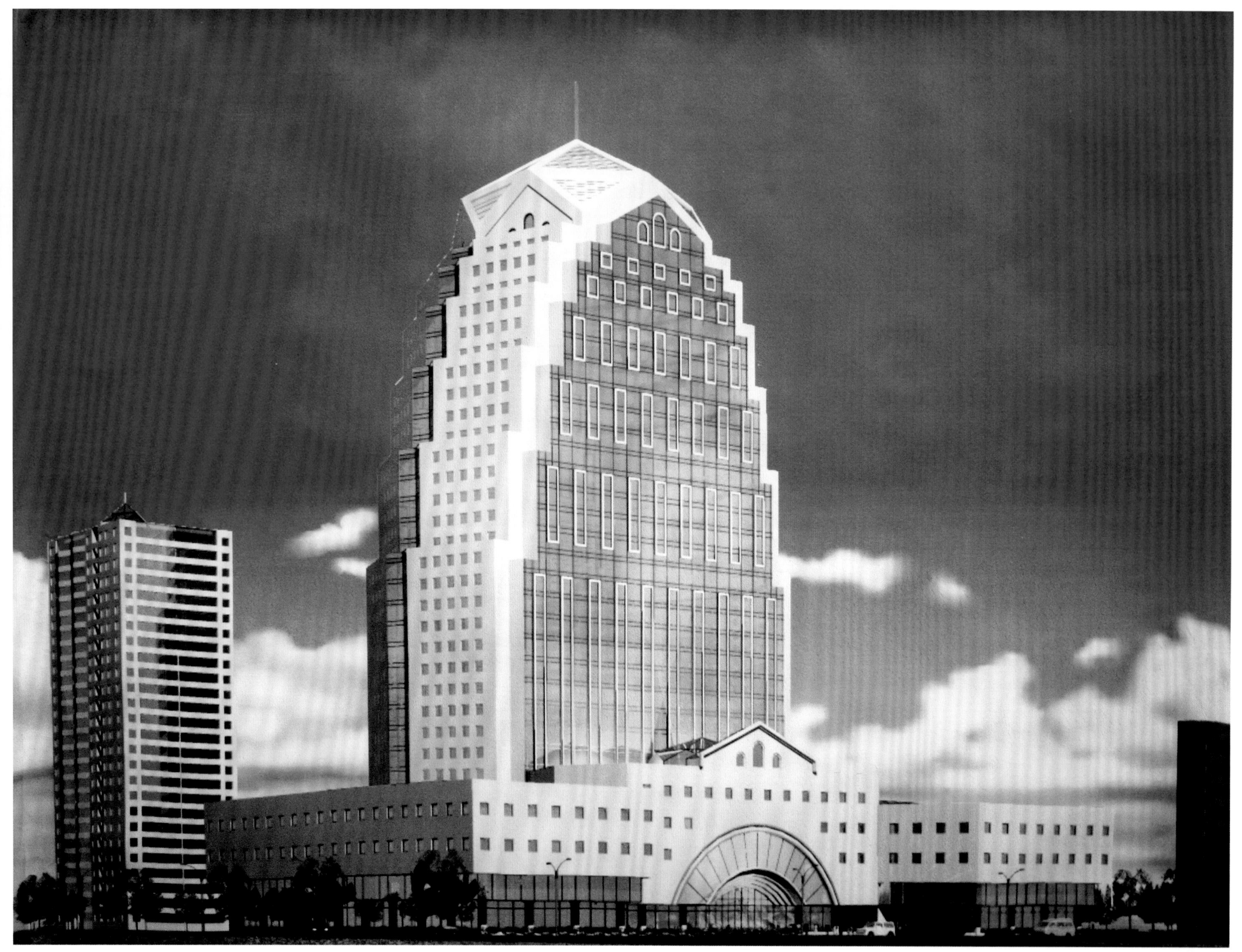

《鸿高国际金融大厦》

1995 年

电脑图

58 cm × 112 cm

《故里》

2013 年

彩色粉笔画

30 cm × 40 cm

《晨游》
2013 年
彩色粉笔画
32 cm × 40 cm

《叶飘》（时序系列之三）

2013 年

彩色粉笔画

24 cm × 30 cm

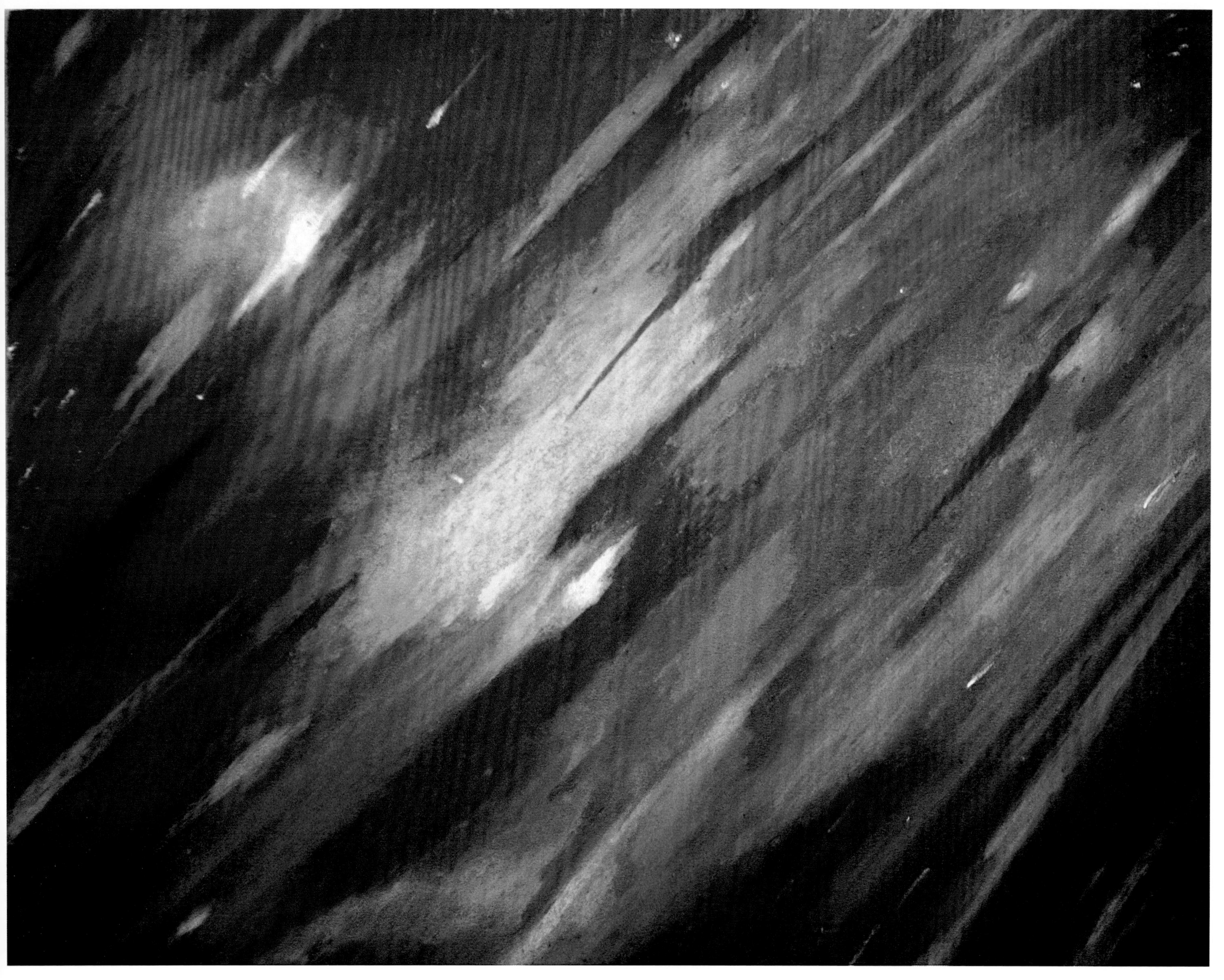

《彗星》

2013 年

彩色油棒画

31 cm × 40 cm

《大学生》
1956 年
油画
30 cm × 40 cm

《小学生》
2013 年
彩色油棒画
30 cm × 40 cm

《中学生》
1978年
油画
30 cm×40 cm

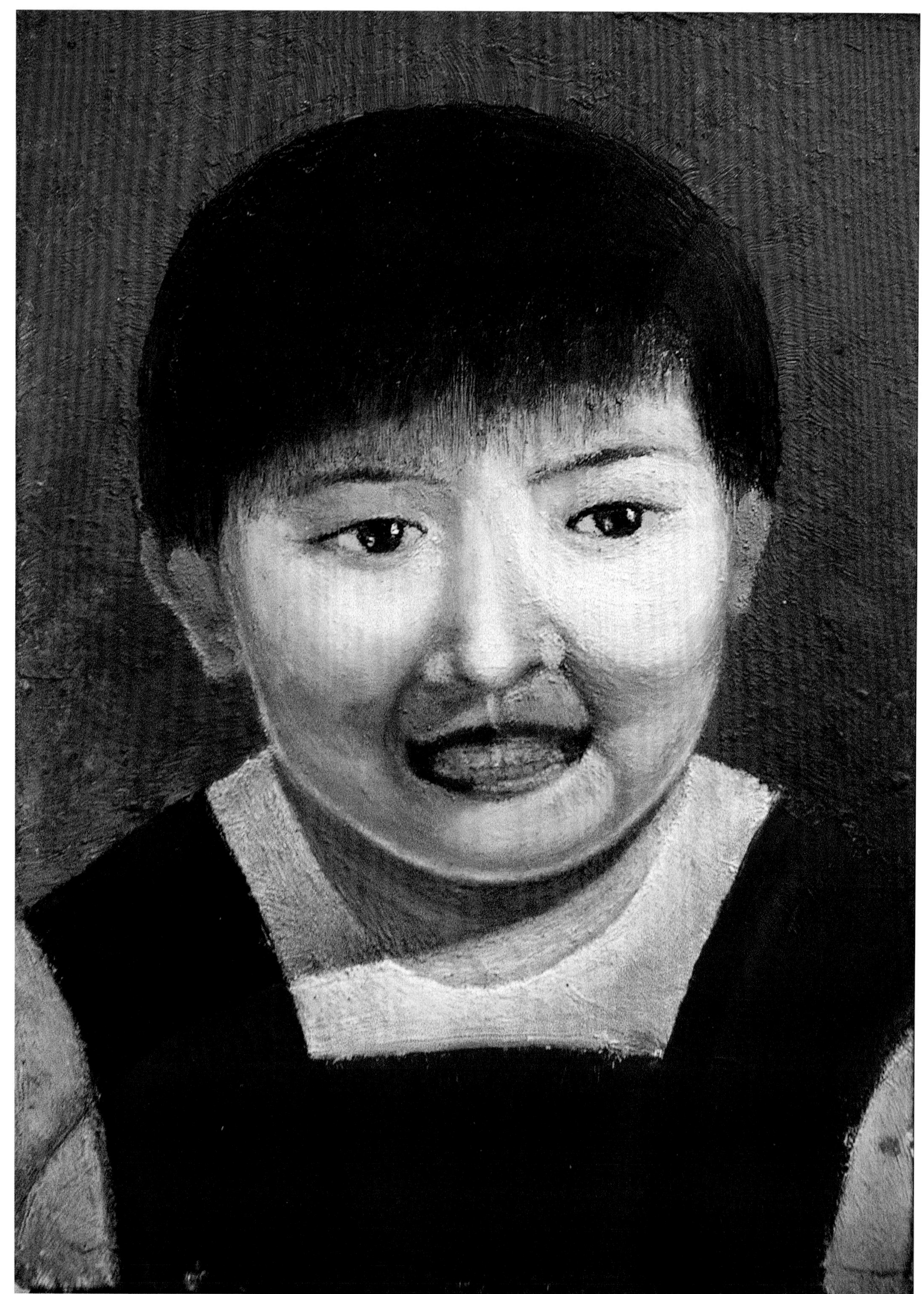

《幼儿园小朋友》
1990 年
油画
30 cm × 40 cm

《赤壁》

2012 年

油画

30 cm × 40 cm

《飞华》（四季系列之一）

2012 年

油画

45 cm × 60 cm

《月莲》（四季系列之二）

2012 年

油画

45 cm × 60 cm

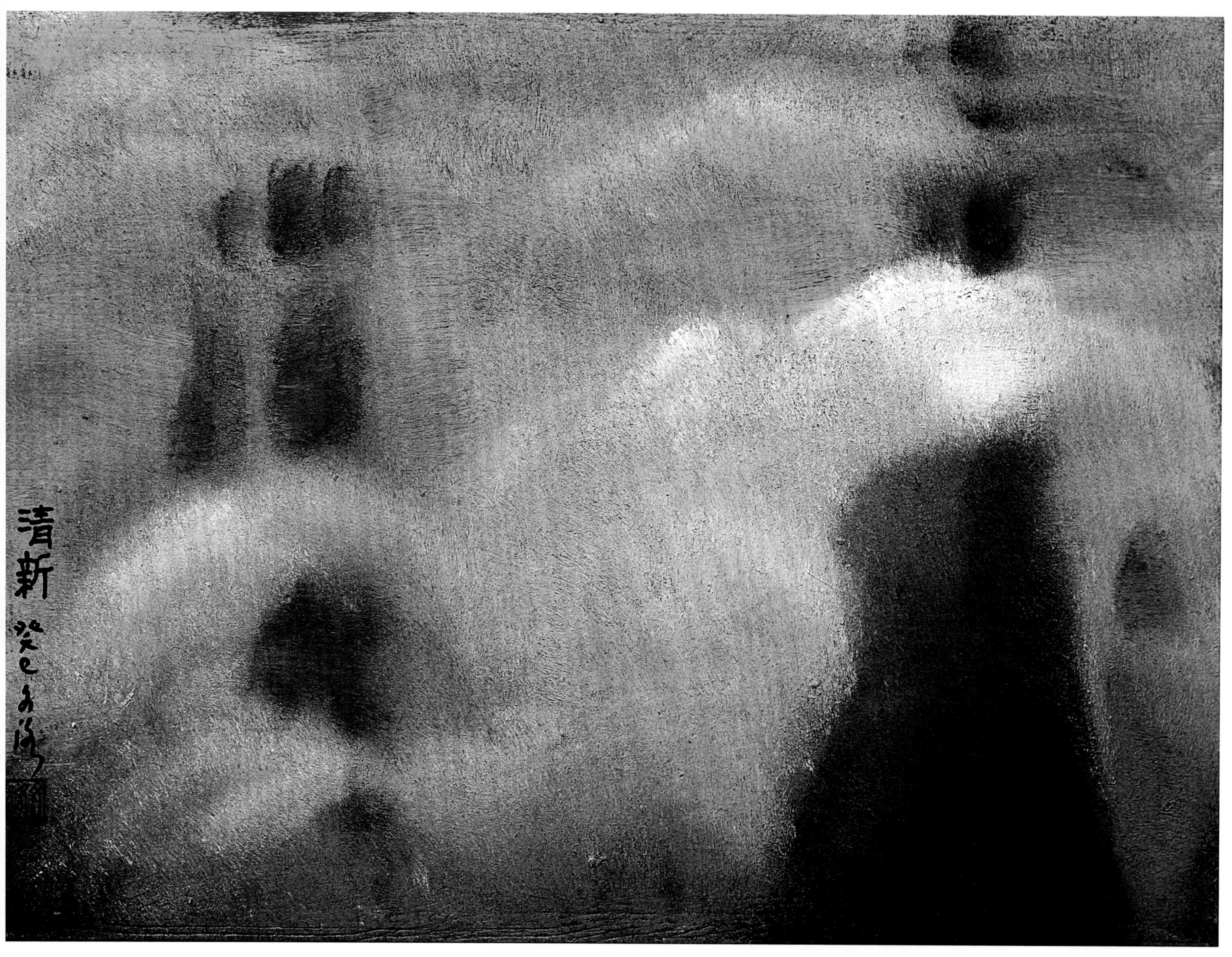

《清新》

2013 年

油画

38 cm × 51 cm

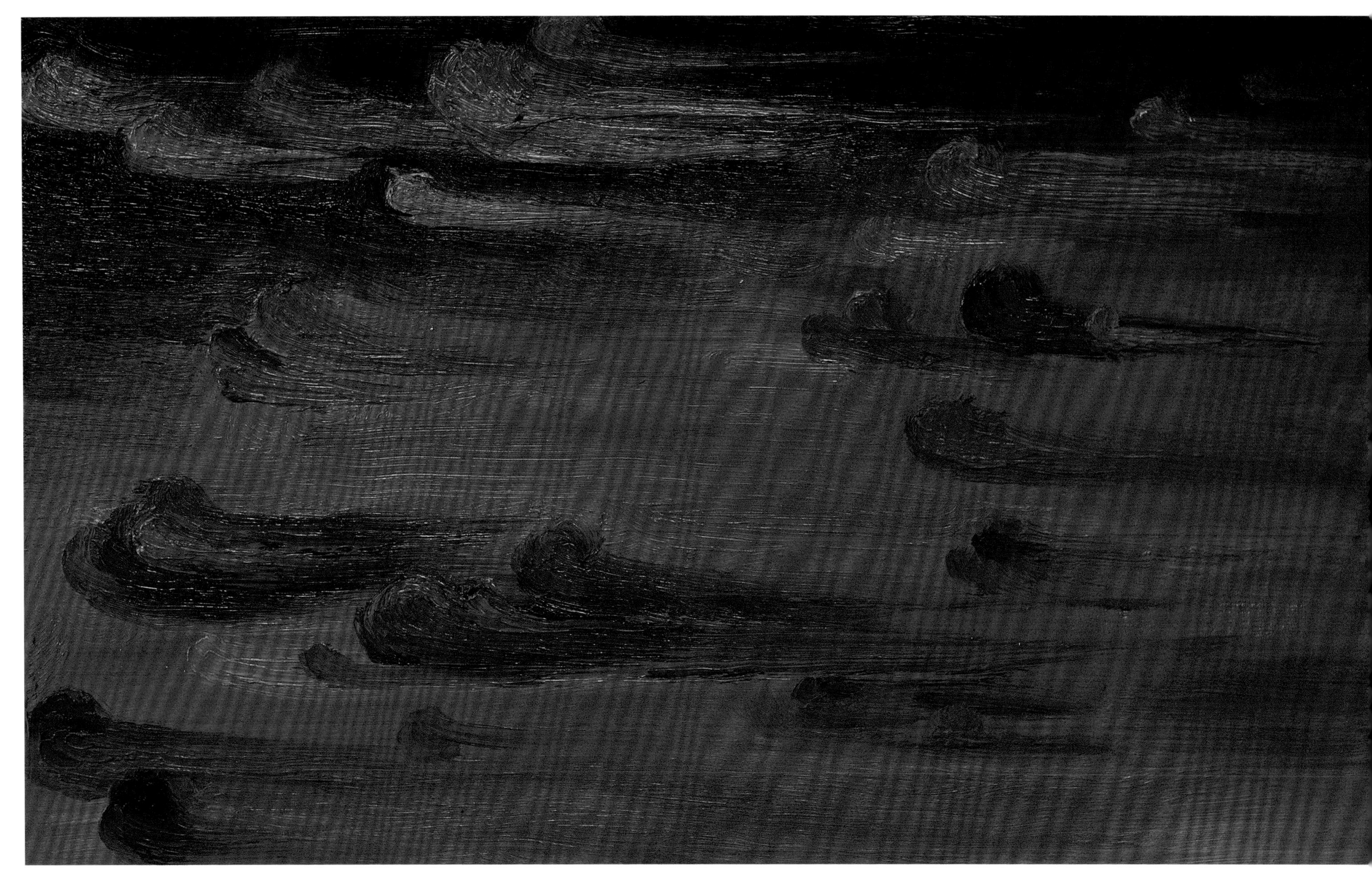

《热血》

2013 年

油画

50 cm × 80 cm

《徜徉》

2013 年

油画

50 cm × 80 cm

《塞外》

2009 年

油画

30 cm × 40 cm

《庐山古松》（故乡系列之一）

2013 年

油画

50 cm × 100 cm

《往昔长江》（故乡系列之二）

2013 年

油画

50 cm × 100 cm

《野菊》

2008 年

油画

30 cm × 40 cm

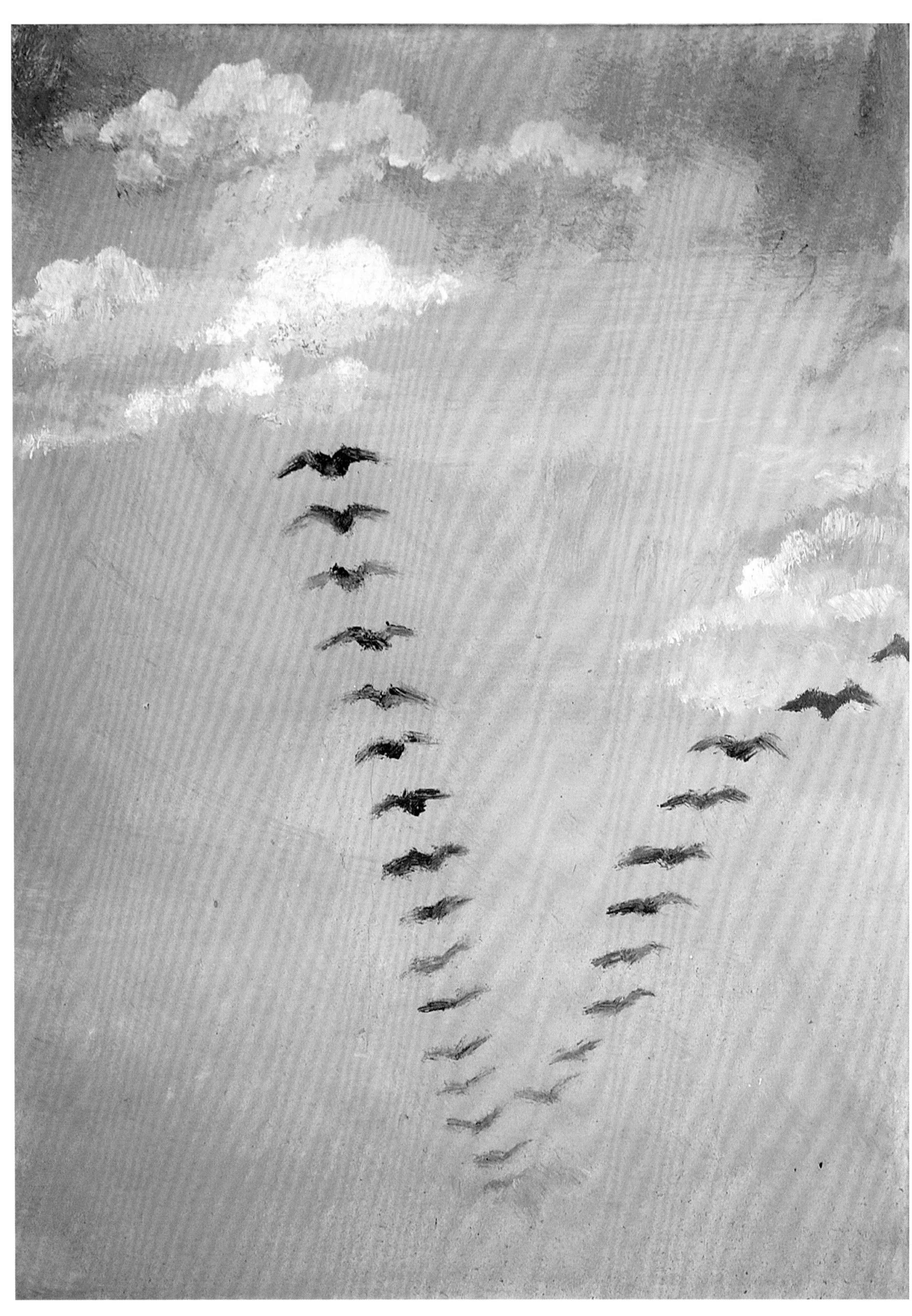

《遥望》
2009 年
油画
30 cm × 40 cm

《月色》

2009 年

油画

40 cm × 60 cm

《路》（人生系列之一）

2012 年

油画

40 cm × 80 cm

《月》（人生系列之三）

2012年

油画

40 cm×80 cm

《舞风》
2009 年
油画
30 cm × 40 cm

《翱翔》

2012 年

油画

35 cm × 50 cm

《旋律》
2009 年
油画
30 cm × 40 cm

《紫》（色彩系列之七）

2013 年

油画

50 cm × 50 cm

《海底》
2015 年
油画
80 cm × 80 cm

《魅影》

2013 年

油画

34 cm × 40 cm

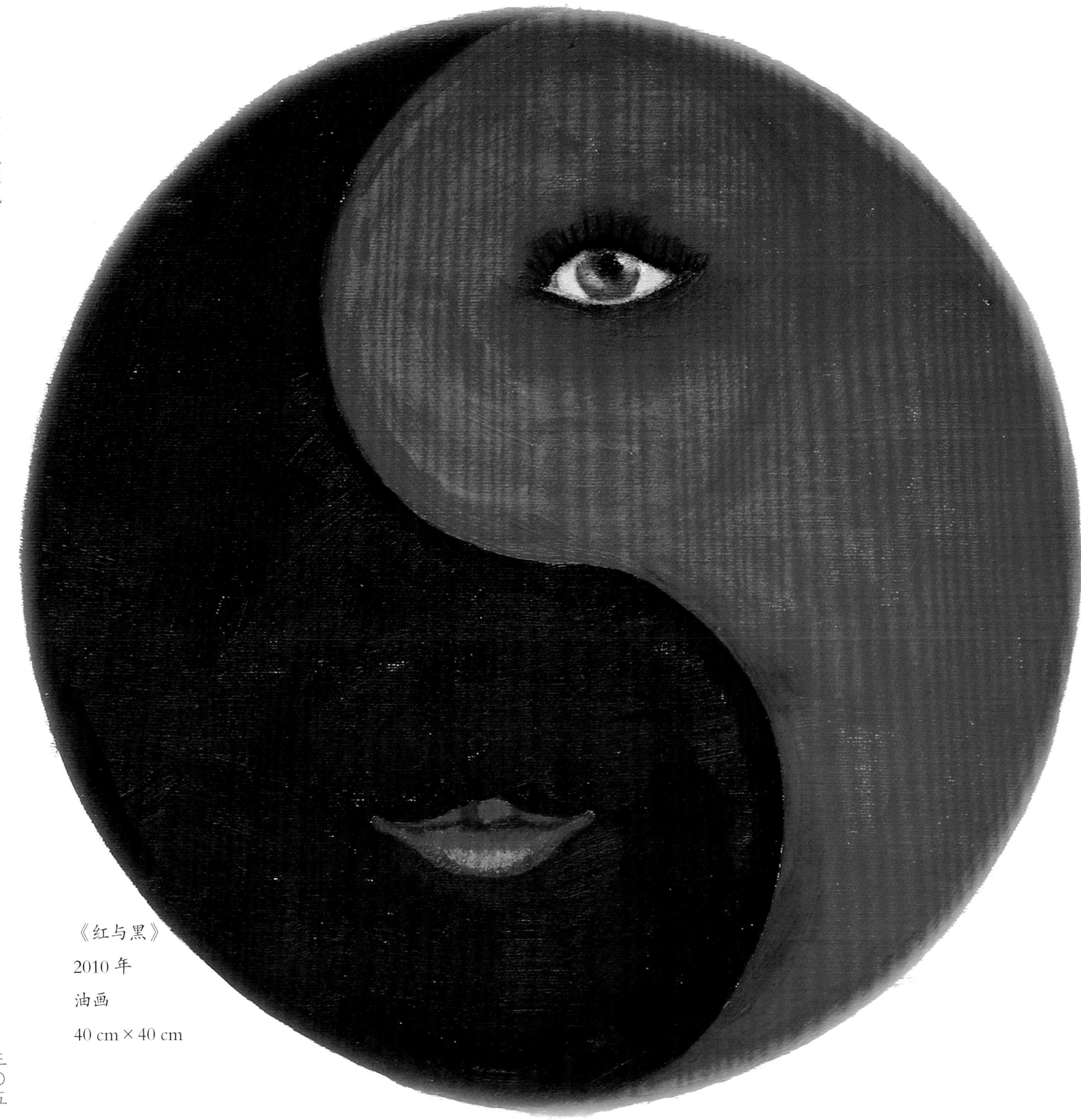

《红与黑》
2010 年
油画
40 cm × 40 cm

《四十年代》

2012 年

油画

40 cm × 60 cm

《罚》

2012年

油画

80 cm × 80 cm

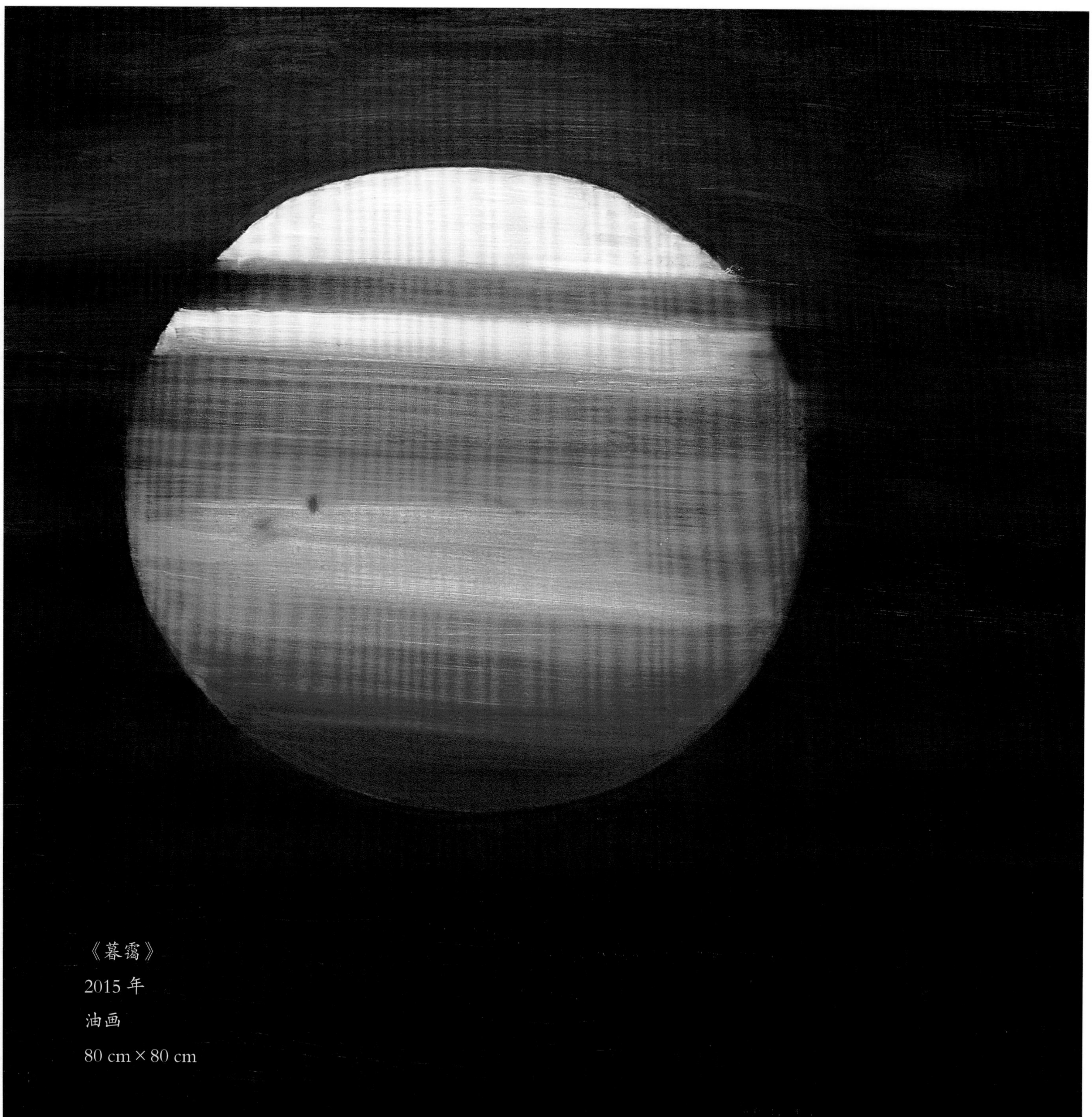

《暮霭》

2015 年

油画

80 cm × 80 cm

《夜色》
2015 年
油画
80 cm × 80 cm

《春》

2013 年

油画

50 cm × 70 cm

《秋》
2013 年
油画
50 cm × 70 cm

《校园梦幻》

2016 年

油画

80 cm × 80 cm

《樱桃沟》

2015 年

油画

50 cm × 100 cm

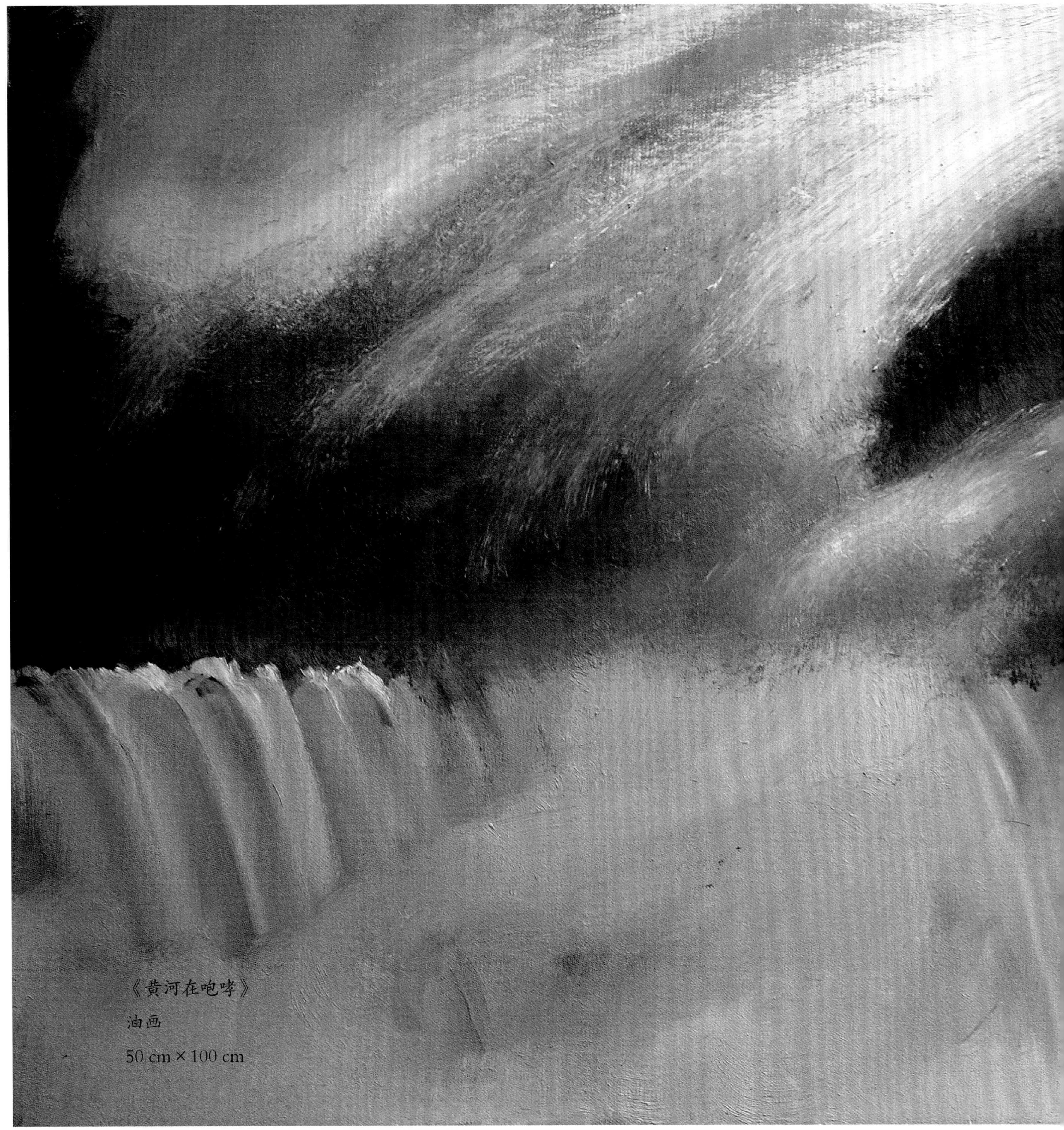

《黄河在咆哮》

油画

50 cm × 100 cm

《林海雪原》

2015 年

油画

50 cm × 100 cm

《抗日胜利七十周年》

2015 年

油画

50 cm × 100 cm

抗日勝利七十周年
二〇一五.九.三

《欢乐颂》之一
2015 年
油画
50 cm × 50 cm

《和平必胜》
2015 年
油画
50 cm × 100 cm

《欢乐颂》之二
2015 年
油画
50 cm×100 cm

《雪山冰川》

2016 年

油画

50 cm × 100 cm

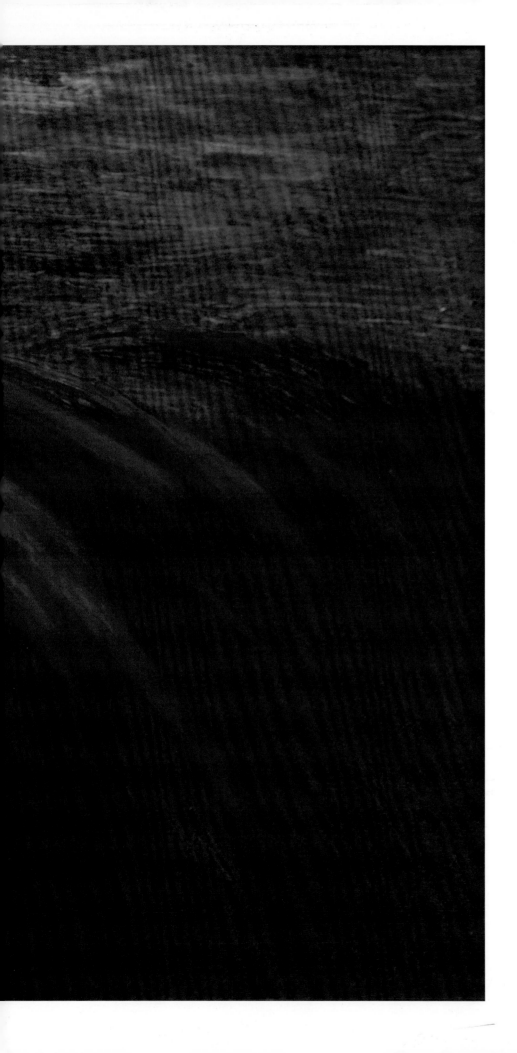

《西山夕照》

2016 年

油画

60 cm × 90 cm

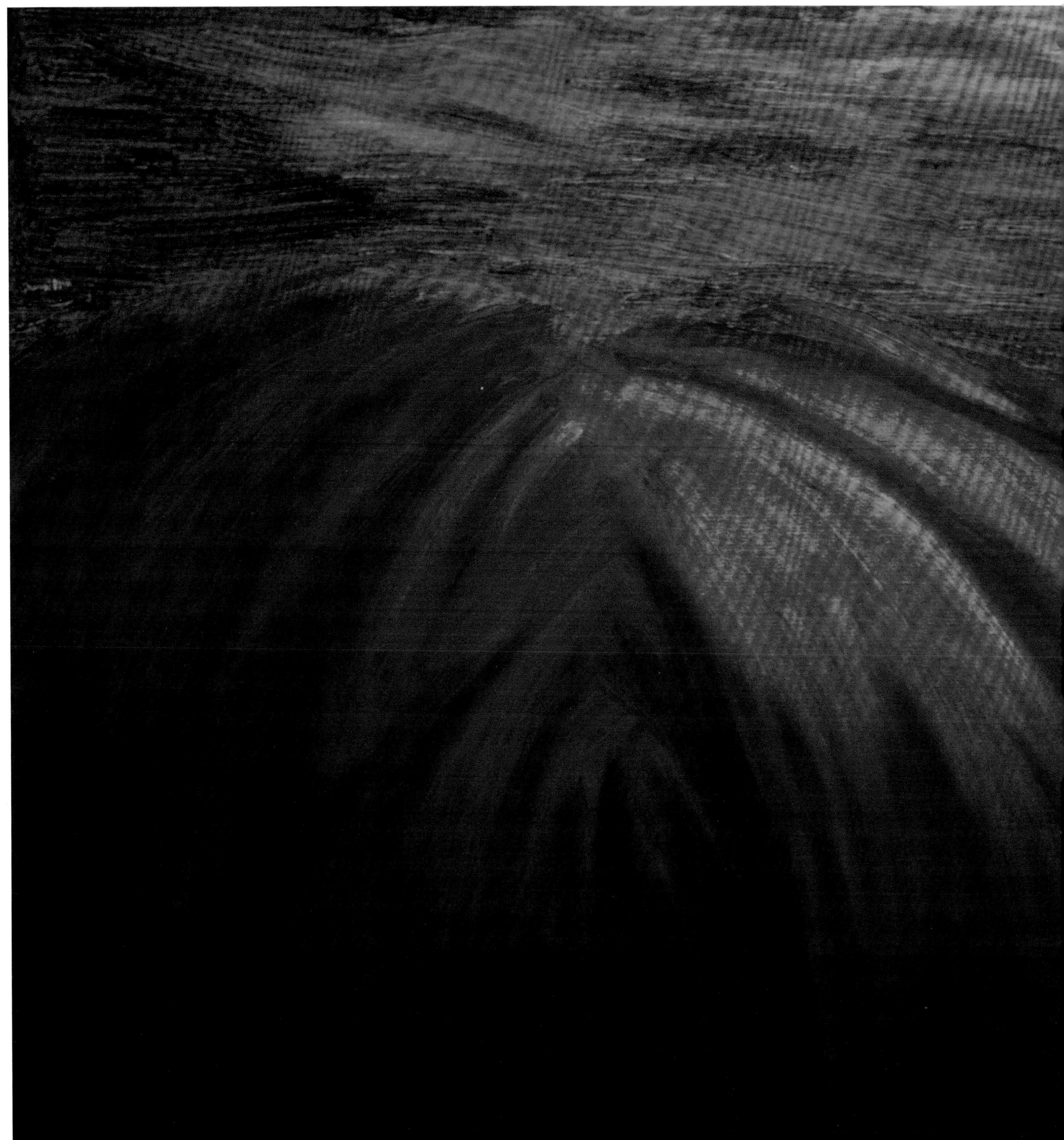

《风起云涌》之一

2016 年

油画

50 cm × 100 cm

《风起云涌》之二

2016 年

油画

50 cm × 100 cm

《林木》之一

2016 年

油画

50 cm × 100 cm

《林木》之二

2016 年

油画

50 cm × 100 cm

《林木》之三

2016 年

油画

50 cm × 100 cm

《林木》之四

2016 年

油画

50 cm × 100 cm

《霞光穿云》

2016 年

油画

50 cm × 100 cm

《红霞水映》

2016年

油画

50 cm × 100 cm

《清晨春雾》

2016 年

油画

50 cm × 100 cm

《浪中鸥》

2017 年

油画

60 cm × 90 cm

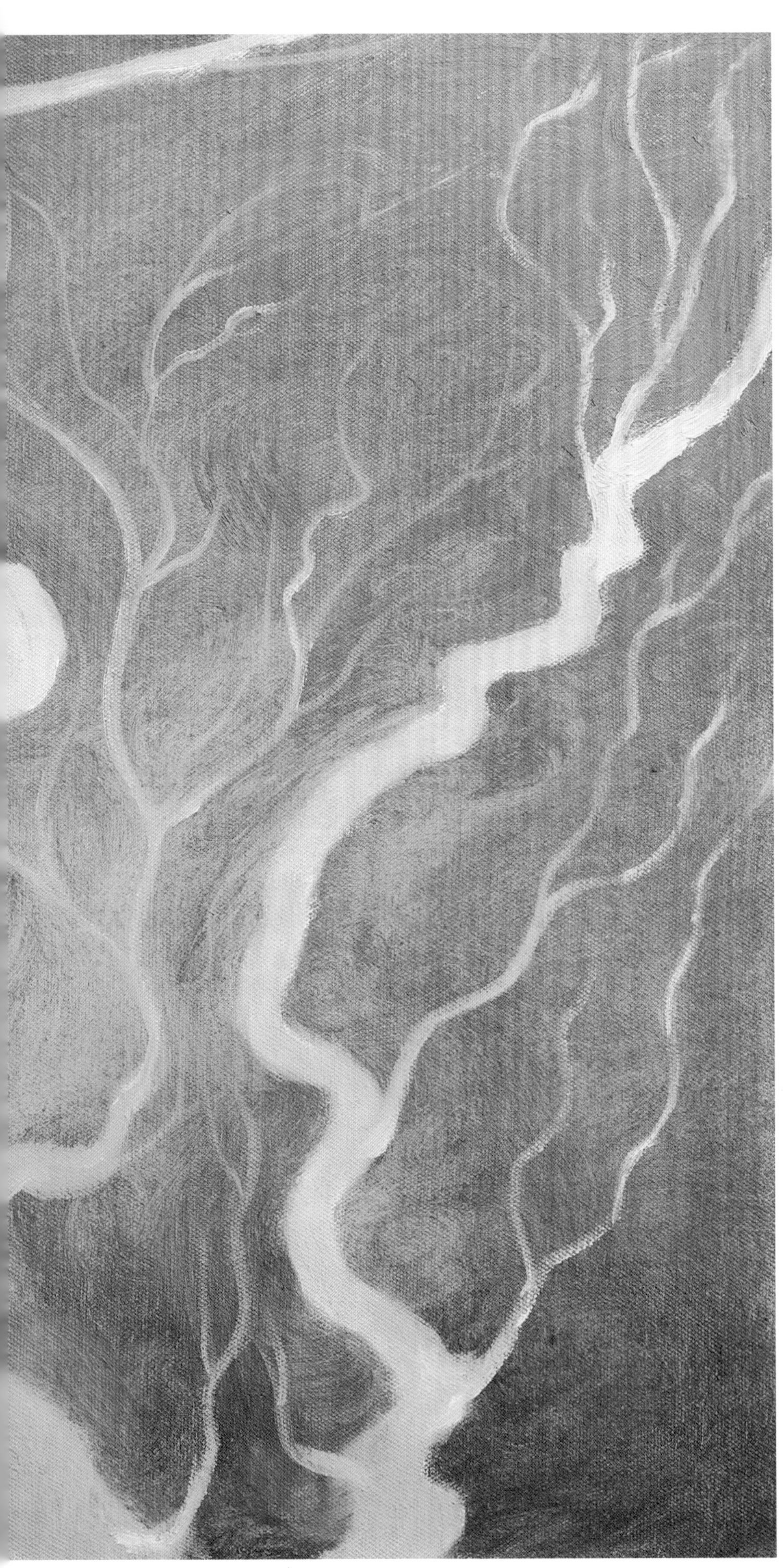

《源头》

2017 年

油画

60 cm × 90 cm

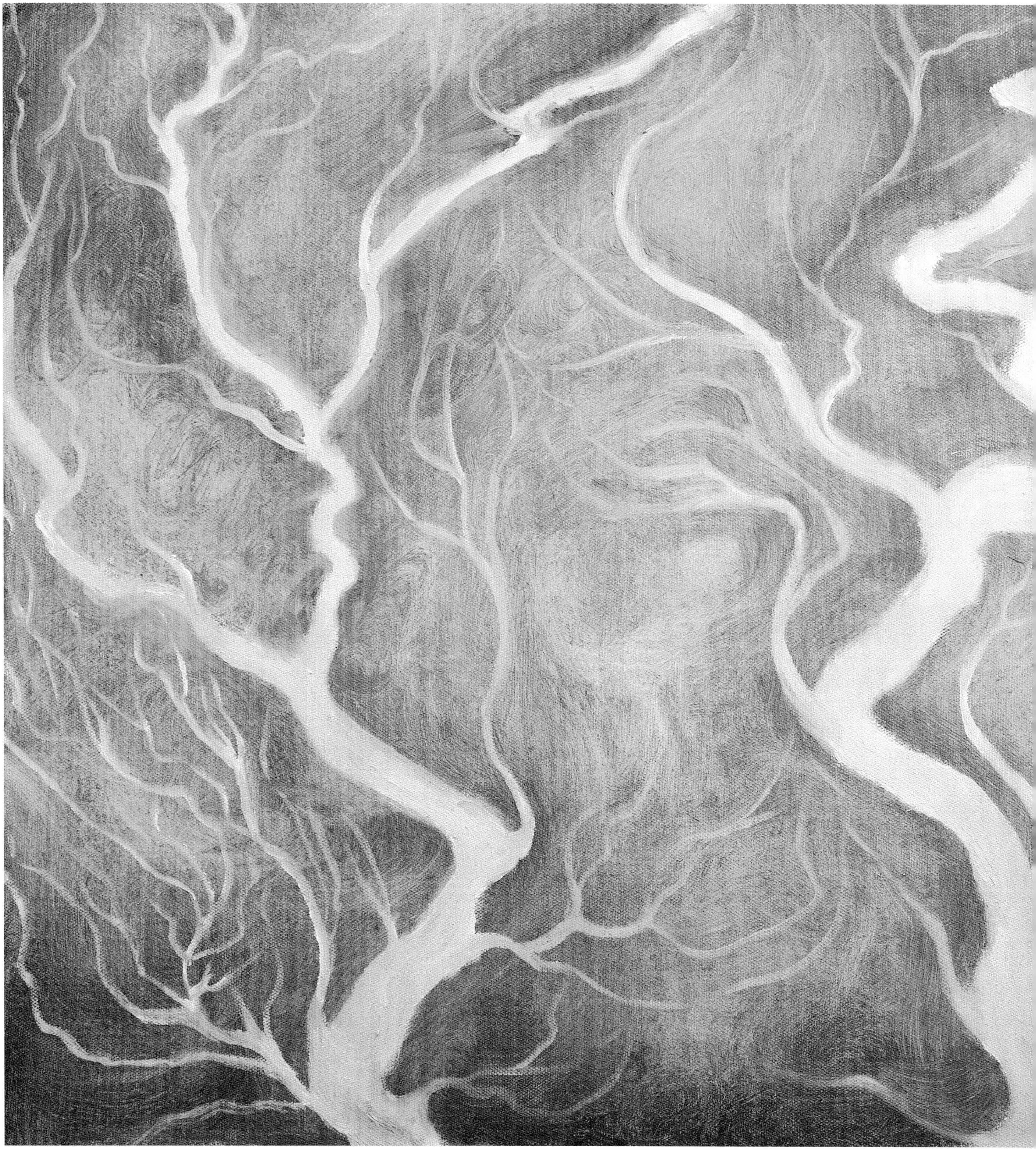

《漂流》

2017 年

油画

50 cm × 100 cm

《极光》

2017 年

油画

50 cm × 100 cm

《洪流》
2017 年
油画
50 cm × 100 cm

篇五

长恨未报三春晖

熊恬
1945年 荣獲抗日战爭 胜利勋章
1927年创建江西省九江女子师范学校并任校長直至
1951年离职

女师行

熊恬校长于公元一九二七年受命创办江西省立九江女子师范学校，掌校二十四年，直至公元一九五一年去职。曾于公元一九四五年荣获抗日战争胜利勋章。

忆母仙游丧恃护，
幸姑教养予依偎，
恩情深重沁脾肺，
爱意宽宏润蕙芝。
创校艰辛凭胆识，
执教殷切显良知。
匡庐峰下校园驻，
扬子江滨课室齐。
碧水蓝天湖畔憩，
浓荫沃草场上嬉。
翩跹蜂蝶採花旎，
婉转燕莺鸣唱诶。
柔柳伴随妙龄舞，
甘棠迎映靓钗菲。
优良环境质仪养，
美好氛围才智培。

一阵炮轰强寇袭，
两趟迁徙巾帼靡。
坚持教学书声朗，
奋起宣传热血驰。
抗日讴歌鼓民气，
支前义卖助军辎。
倭奴屡犯蚍蜉撼，
华夏终赢家国归。

胜利返浔同侪乐，
勋章荣获友朋僖。
重修堂舍宜攻读，
扩大园场利锻锤。
蒋系疯狂阋墙衅，
人民期盼鼙鼓摧。
壶浆箪食迎军捷，
火树银花颂党巍。

旭日初升漫地暖，
晨曦遍照普天煦。
师生欢庆新中国，
校长奉令原职司。
学习政治分敌友，
清查历史整官围。
先遭党派曲连罪，
又陷『文革』殇命非。

知识睥睨似污渍，
生灵涂炭为蚁蜚。
神州灾祸极无在，
冥土平安未可领。
睿者面临倾绝境，
群派憧憬现虹霓。
春秋更替风云转，
冰雪消融实事归。

兄妹本源忠孝悌，
严慈皆系智仁者。
诚心正意俱师表，
格物致知丰课资。
礼仪洁廉家律正，
诚毅勤俭校训辉。
杏坛传习自垂范，
绛帐言行众守规。

桃李芬芳满南北，
晶珠璀璨冠东西。
濂溪后院体文盛，
庚亮前楼诗画怡。
端午屈原咏骚会，
重阳摩诘插萸祈。
当年棠棣久难忘，
今日桑榆犹可追。

矢志育才目光远，
宣教抗日功业垂。
鞠躬尽瘁节操亮，
舍己为民德泽蕤。
功过自清公道在，
是非明析真理皈。
罪情刑狱属疑案，
身份名誉彰史碑。

但惜黉宫星宿陨，
还欣弦歌薪火续。
九江师范升高级，
赣水生员出骏骓。
更痛先贤罹难去，
尤怜后禹求鹤回。
上穷碧落下黄渺，
近探涟漪远逶迤。

夜夜忧思泪为雨，
时时郁念愁似溪。
花开花谢循时序，
人杰人亡由魅魑。
寐魇惶惶苦熬煎，
寤黯戚戚疼窒痴。
江涛湧浪浪冲碎，
魂梦萦心心烬灰。

中国日报 CHINADAILY.COM.CN 中文网　江西 > 江西新闻

丰城市剑声中学举行首届“熊恬奖学金”颁奖典礼

作者：熊剑光 徐华斌 来源：中国江西网 2020-09-12 09:32　分享

9月9日上午，丰城市剑声中学举行了首届“熊恬奖学金”颁奖典礼。我国著名建筑设计大师、原北京建筑设计院院长熊明先生出资100余万元奖励优秀学生。近4000名师生齐聚学校剑声广场，校长熊剑光、嘉宾共同为获奖的学生颁奖。

据悉，2019年底，熊明先生为纪念其姑姑熊恬女士（剑声中学创办人熊恢之妹，江西省早期教育界名人），出资设立“熊恬奖学金”。该奖学金设立的初衷是在传承“剑声中学”品牌的基础上奖励优秀学生、留守儿童，支持学校教学与研究设施的改善。此次奖学金的颁

空剩伤怀一生恸，
长恨未报三春晖。
杜鹃泣血风凄啸，
火凰涅槃松矗葳。

熊恬校长二姑大人百廿冥龄祭

丙申严冬　明子泣血叩首

为筹集前九江女师熊恬奖学金款项举办熊明油画展。在暮春油画义卖会上，前排左一为刘淼，左三为宓宁，左四为朱小地，左五为孙林，左六为孙兵，左七为金国红，左八为贾冬冬，后排左四为郑欣，左五为金卫钧，左七为李维锋，左八为吴亭莉，左九为何玉如，左十为熊明，左十一为文跃光，左十二为吕品田，左十三为徐全胜，左十四为章扬。

熊恬奖学金首次颁发

本报讯（记者**黄锦军**）9月9日，丰城市剑声中学举行了首届熊恬奖学金颁奖典礼。该奖学金由我国著名建筑设计大师、丰城籍人士熊明出资100余万元设立。据悉，2019年底，熊明为纪念其姑姑熊恬（剑声中学创办人熊恢之妹，早期江西教育界名人），出资设立了熊恬奖学金。设立该奖学金的目的是奖励优秀学生，帮助留守儿童，改善学校教学与研究设施。剑声中学创办于1923年，由丰城籍历史名人熊恢联络政界、学界等社会各界有声望的人士创办而成。创办之初，剑声中学因先进的办学思想、独创的教育方法、严格的教学管理而成为当时著名的中学。

编后记

中国建筑文化遗产、建筑评论编辑部

参天之木，必有其根；怀山之水，必有其源。回忆，不仅为了永恒的怀念，更为了用思想之光照亮未来之途。作为老院长熊明大师熊明从业七十周年作品选建筑创作·学术论著·诗词书画一书的编辑者，我代表编辑部写下这篇编后语。

2023年6月3日上午9时零6分，熊明大师清晰地跟我在微信中说：『谢谢编辑部，这一版样书错误不多了，我还没看完，校后很快就反馈给你们……』，这仅仅18秒的话语，怎么就成为老人家给我们留下的最后的生前嘱托呢？6月11日下午5时，从张宇总那获悉，熊大师突然仙逝，悲痛之余，良久无语，无法不临文嗟悼。我简直无法相信这是事实，因为就在一周前，我还与他老人家微信联系，就在4月20日还在他家共同校对书稿近3小时，他精神矍铄，思路清晰，动作敏捷，侃侃而谈，讲述他的建筑作品与诗画艺术……哎！熊明大师的离去确是事实，2023年6月15日晨8时，八宝山兰亭前讣告中写道：『中国共产党党员、全国工程勘察设计大师、北京建院顾问总建筑师、原北京市建筑设计研究院院长熊明同志，于2023年6月11日因病医治无效，在北京逝世，享年91岁。』

熊明大师一书的主要编辑苗森、朱有恒以及我本人都前去祭拜，那天有数百人到场，送老人家一程。令人欣慰的是，在这一天，我们与熊总的两个女儿孙林、孙兵建立了『出书群』，旨在将后续工作尽快完成。

7月16日，我们与熊总女儿提前约好时间，7月18日到熊总家中，完成了熊总校审的样书文稿拍摄，坐在熊大师曾坐过的椅子上，一页页翻阅着他老人家校对过的稿子，三年来与熊大师共同编辑的记忆呈现眼前。人去室空，我们唯有熊总留下的生前叮咛的语音，有他娓娓道来的学识感悟。那天，从熊总家离开前，我们手捧熊总著作的样书，让孙林老师给我们拍了合影，大家都很沉默。熊总的著作未能在他在世时出版，是我们编辑生涯的『痛』，但聊以自慰的是，这确是一部有宽泛博大内容的超越一般建筑读物的『大书』：这里的风雅照古见今，各美其美；书中的风格，守艺出新，墨绘时代；它开启建筑大师的时空之门，在跨越百年宏大叙事和微观时代的鸿沟时，呈现出非凡人物及精美故事。所以，我斗胆代表编辑部同人向熊总的在天之灵及他家人说，熊明从业七十周年作品选建筑创作·学术论著·诗词书画一书的编撰之『漫长』虽是万万不该的，但它让我们在不断的编辑中饱尝了阅读熊大师设计理念与记忆才华的富足之感。

为熊明大师编书有多本，记忆中也有20多年了，从1999年北京建院院庆50周年的城市设计学到后来建筑创作杂志社为熊总编辑图书，熊明大师在天津大学出版社出版的著作与画集有：文洛诗词吟草（2008年）、文洛诗词书画选（2011年）。二书的出版任务是2020年11月23日张宇总电话下达的任务，编辑工作自2020年12月7日即开始。记得第一次在北京建院D座4层熊总办公室启动编书工作，正巧那天江西九江同文中学第22任校长胡德喜一行来京看望同文校友熊明大师，大家交流得很惬意。

为熊大师编辑此书是个不简单的工作，既感谢北京建院领导之信任，也感谢熊明大师的学识与境界，编辑此书的难度不在于它的『文化工程性』，而在于编辑中要读懂熊总的颇具文采的追问建筑设计之道的学问，

1995年与两位老院长吴德胜、熊明

2023年6月15日在八宝山送别熊总

1999年协助熊总编书

2023年7月18日编辑部成员于熊总家中

这里有设计与社会、设计与历史、设计与人物、设计与艺术诗画，等等，还有颇多我们难以识别的熊总书法之『狂草』等。熊总的设计大师之道恰恰在于他将中国传统文化与现代建筑相结合，诸如老子的『道学』和孔子的『仁学』，都在他笔下画中呈现，均以天下互生模式解读世界，走向了『天道人心』和『天人合一』之精神境界。从此背景出发，给熊总编书恰是一个研学过程，它必然是要经过时间磨砺且升华的。

熊大师是那种真诚且质朴的现代知识分子型领导，我是非建筑学专业的学子，他却一直支持着我30多年前开始的建筑工程防灾科技方面的研究。记得1992年我出版了国内第一部《中国城市综合减灾对策》，我将样书最先呈给他；1993年我在印度尼西亚参加亚太地区安全科学大会，交流了中国城市综合减灾策略的报告并获奖，回院后第一个就向他汇报，得到他的鼓励。要知道在30年前的中国，城市防灾减灾确实无人问津，这在建筑设计单位是个『大冷门』。6月15日，在八宝山参加熊明大师送别的仪式上，百余位院内外同人在感悟他的学术精神外，都认同熊总是一介新中国建筑师的榜样，他的坚韧与持守，对设计、对艺术是有着静水流深的学术价值的。对他的最好的缅怀，是要当好他的建筑作品及著作的反复阅读者。从这些话语中，我猛然感到已经编就并改好的熊总大书，定会带来永远的精神遗产，它必有奔腾不息的活力及价值，实乃完整的业界中国建筑文化大师的非凡著作。

熊明大师的著作，共五个篇章：『书香教育继世长』『承传涅槃化原创』『诗词歌赋抒情怀』『翰墨丹青融朦胧』『长恨未报三春晖』。无论怎样阅读，都可发现，领略大师70载的不平凡的创作人生，它是一次感动之旅及完善建筑素养的自我之旅。他的一言一行对我们编辑部全体参与者是一种潜移默化的『传道』。我想是否可用《论语》中几句话敬赠熊明大师呢？『望之俨然，即之也温，听其言也厉。』也许正是对挥笔之间，斯文在兹的熊总，点画纵横的人生精神的书写吧。我们每每为前辈编书，总是在坚守『记忆是抵抗时间的方式』，浩荡人生如梦般易逝，忆恩师，亦师亦友，愿本书的编辑努力又写下一位20世纪中国建筑遗产的巨匠人生，从中必读到熊总的卓识，感悟那无限的精神力量。

金磊

《中国建筑文化遗产》《建筑评论》主编

2023年7月31日

图书在版编目（ＣＩＰ）数据

熊明从业七十周年作品选 ： 建筑创作•学术论著•诗词书画 / 北京市建筑设计研究院有限公司编. -- 天津: 天津大学出版社, 2023.11
（北京建院大师系列丛书）
ISBN 978-7-5618-7635-0

Ⅰ. ①熊… Ⅱ. ①北… Ⅲ. ①建筑设计－作品集－中国－现代 Ⅳ. ①TU206

中国国家版本馆CIP数据核字(2023)第217750号

图书策划　金　磊　苗　淼
策划编辑　韩振平工作室　韩振平　朱玉红
责任编辑　刘　焱
装帧设计　朱有恒　董晨曦

执行编委　孙　林　孙　兵　金　磊　王　宇　吕健博　苗　淼
朱有恒　李　沉　张寒冰　袁　飞　赵　楠

XIONGMING CONGYE QISHI ZHOUNIAN ZUOPINXUAN
JIANZHU CHUANGZUO•XUESHU LUNZHU•SHICI SHUHUA

出版发行　天津大学出版社
地　　址　天津市卫津路92号天津大学内(邮编:300072)
电　　话　发行部:022-27403647
网　　址　www.tjupress.com.cn
印　　刷　北京盛通印刷股份有限公司
经　　销　全国各地新华书店
开　　本　280㎜ × 280㎜　1/12
印　　张　$30\frac{2}{3}$
字　　数　395千
版　　次　2023年11月第1版
印　　次　2023年11月第1次
定　　价　228.00元